청소년을 위한
**과학혁명**

과학이 탄생하는 순간들
The Scientific
Revolution

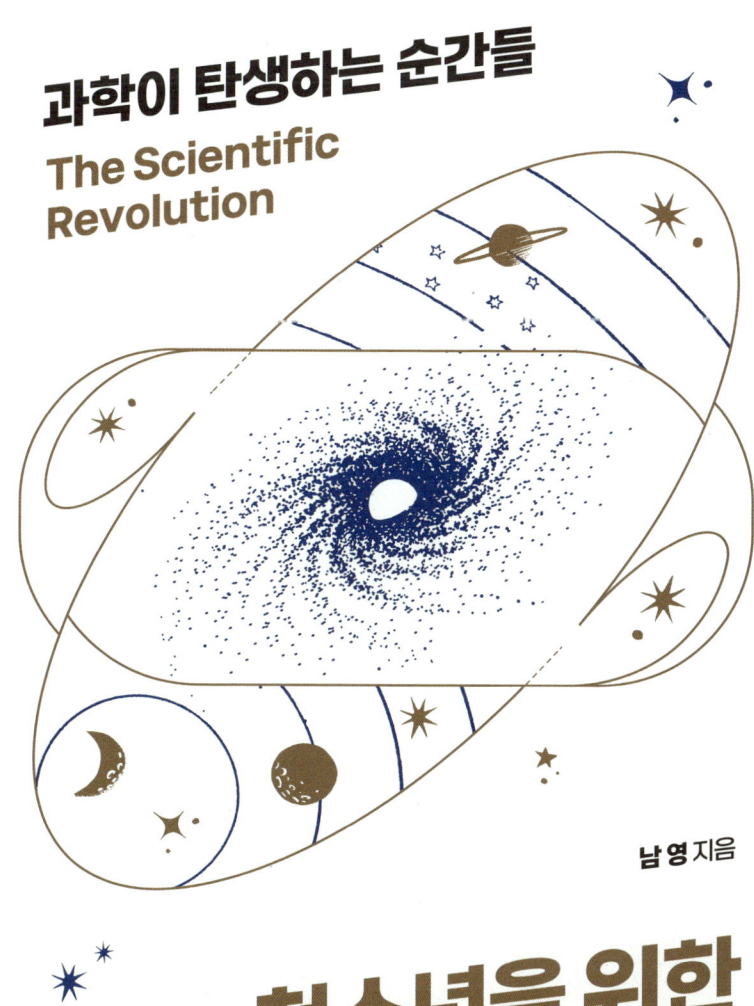

남 영 지음

청소년을 위한
과학혁명

궁리
KungRee

# 과학혁명이란 무엇인가?

우리들은 치명적인 사고나 질병만 아니라면 80세 이상의 삶을 살 수 있을 것이다. 대부분의 사람들이 그런 기본적 기대 속에 자신의 삶을 꿈꾸고 노후를 설계한다. 우리 식탁에는 지구 반대편에서 대양을 건너온 과일과 고기들이 계절과 상관없이 소비된다. 과도한 영양 섭취로 다이어트는 현대인의 중요 관심사가 되었다. 대부분의 사람들은 자신들이 섭취하는 음식물을 생산한 적이 없고 식량생산과 무관한 다양한 직업에 종사한다. 가뭄이나 홍수는 과거만큼 우리를 괴롭히지 못한다. 자연재해에 대한 예측은 정교해졌다. 내일의 날씨에 대한 예측이 조금만 어긋나도 관계자들은 비난을 받는다.

뿐만 아니다. 이제 뉴욕, 파리, 런던, 도쿄, 베이징, 서울 등 대도시의 삶들은 모두 서로서로 닮아 있다. 그리고 고층빌딩으로 뒤덮이고 지하철 망으로 얽힌 도시들은 3차원적 지도를 머릿속에 그려야 제대로 이해가능하다. 이런 대도시들은 항공망과 네트워크로 연결되어 하나의 생활권역으로 빠르게 통합되고 있다. 인류가 자연에 대한 통제력을 강화하면서 이웃한 세계에 대한 의존도는 높아졌고 삶의 방식은 훨씬 비슷해졌다. 교통수단, 생활방식, 도시 외관의 유사성만이 아니다. 심지어 달력까지 똑같다! 그렇게 우리는 이런 상황들이 전혀 놀랍게 느껴지지 않는 '놀라운 세상'에 살고 있다. 하지만 이 모든 상황들은 불과 수백 년 전만 해도 상상조차 할 수 없었던 일들이다. 과연 무엇이 이런 세계를 가능하게 했을까?

이 모든 변화는 분명 '근대 유럽문명의 팽창'으로부터 시작했다. 우리는 극히 작은 부분을 제외하면 분명 유럽문명에 뿌리를 둔 과학기술과 제도와 문화와 학문체계를 가지고 있고 이것을 지극히 자연스럽게 받아들이고 있다. 그런 것들이 본래 남의 것이었다는 인식조차 가지지 못할 정도로. 우리는 현재의 우리가 정약용과 장영실보다는 다빈치와 뉴턴에 훨씬 더 가까운 사고방식을 가지고 있음을 부인할 수 없다. 공화국, 민주주의, 삼권분립, 물리, 화학, 양복, 인권, 기차, 자동차, 전화, 비행기, 마천루 등 우리의 생각을 지배하는 무수한 일상용어들은 모두 유럽의 압도적 영향력하에서 만들어졌다. 이처럼 최소한 지난 200여 년 동안 유럽문명이 전 세계에 미친 거대한 영향은 그 무엇으로도 부인할 수 없다. 그들이 만들어낸 무엇인가로 인해 지구는 단일문명권이 되었고, 우리는 획기적인 교통수단과 첨단의 네트워크들로 치밀하게 연결된 이 행성을 '지구촌'이라는 말로 적절히 표현하고 있다. 기록된 인류 역사에서 이토록 단일한 체제에 기반한 통일을 이룩한 사례는 분명 지금이 최초였다. 인류는 한 번도 가지 않은 길을 걸어가고 있다. 그 변화의 시작점은 과연 무엇이었을까? 이 모든 변화들은 16~17세기 유럽에서 발생한 사건의 직접적 결과들이다. 이 시기 유럽인들은 향후 수백 년에 걸쳐 세계를 단일문명권으로 통합해낼 가공할 힘을 손에 넣었다. 그 사건이 바로 과학혁명이다.

16세기 중반 천문학에서 지동설이라는 새로운 천체이론이 등장했다. 이에 대한 연구가 진행될수록 기존의 원소이론과 역학체계는 모순에 직면했다. 천체들의 운동원인과 구성물질들에 관해 지금까지와는 전혀 새로운 설명이 요구된다는 것이 분명해졌다. 이후 수많은 난관이 있었지만 여러 학자들의 거듭된 노력 끝에 17세기가 되면 천체이론과 역학이론의 전면적인 수정으로 거대한 결실을 맺게 된다. 천문학과 역학에서 발생한 이 빛나는 성과에 많은 학자들이 고무되었다. 그래서 그들은 이런 성공을 가능하게 한 새로운 방법론, 즉 '과학적 방법론'을 자신의 분야에 적용시키기 시작했다. '수학과 실험'으로 대표되는 과학의 이미지는 학문체계 전반에 영감을 불어넣었다. 곧 학문의 전 분야에 걸쳐 그 이전과는 근본적으로 성격을 달리하는 지식체계가 만들어졌다. 그렇게 현대라는 시대를 지탱하는 학문체계가 성립되었다. 16~17세기 사이 벌어진 이 놀라운 과정을

과학혁명(the scientific revolution)이라 부른다.[1]

과학혁명은 과학의 역사에서 가장 중요한 사건이다. 하지만 학자들 사이에도 기간과 범주에 대한 의견이 분분한 것도 사실이다. 어떤 학자들은 2세기에 걸친 사건을 과연 '혁명'이라 부를 수 있는가 자체에 의문을 제기하기도 한다. 보통 정치적 혁명은 불과 몇 년의 짧은 시간에 발생한 거대한 변화를 지칭하는데, 과학혁명은 지적인 변화인데다 진행 기간이 2세기나 이어졌다. 그러니 이를 혁명이라 부르는 것에 거부감을 가지는 것도 일견 당연해 보인다. 하지만 한편으로 과학혁명이 초래한 변화는 근본적인 것이었다. 보기에 따라 파급효과의 범위와 깊이에 있어서 르네상스나 종교개혁을 능가하는 중요성을 지닌 역사적 사건으로 평가할 수도 있다. 그러니 2,000년 가까운 시간을 지속한 학문의 근본 틀을 붕괴시키고 전혀 새로운 방법론을 성립시켰다는 측면에서는 분명 혁명이라 할 만하다. 이처럼 일리가 있는 두 가지 시각 사이에서 우리는 적절한 균형을 찾을 필요가 있을 것이다.

---

1  과학혁명이라고 번역될 수 있는 영어 표현은 두 가지가 있다. scientific revolution과 the scientific revolution이 그것이다. scientific revolution은 말 그대로 과학에서 전혀 새로운 이론이 출현하여 해당 분야의 급진적 발전이 이루어지는 모든 경우를 통칭하는 것이다. the scientific revolution은 단일한 역사적 사건을 지칭한다. 너무나 대표적인 과학혁명이기에 추가 설명 없이 the scientific revolution이라고만 표현하면 이 책에서 언급하는 '역사적 사건으로서' 16~17세기의 과학혁명을 일컫는 말이 된다. 과학혁명이란 단어는 대중적으로는 16~17세기 사이 발생한 지동설혁명을 지칭하는 의미로 흔히 사용되고, 이 책에서도 가장 많은 부분을 지동설혁명에 할애하여 설명할 것이다. 하지만 지동설혁명은 과학혁명의 가장 중요한 일부분일 뿐이며, 과학혁명은 실제로는 아주 다양한 분야의 변화를 포함하는 광범위한 현상임을 분명히 기억해둘 필요가 있다.

과학혁명의 과정을 구체적으로 요약해본다면, 이 시기 망원경과 현미경 등 새로운 관찰도구들이 개발되면서 육안관찰과 경험에 의존하던 인류의 시야는 극소와 극대의 세계에 대한 구체적 관측과 실험의 영역으로 확장되었다. 지동설로 인한 우주관의 변화로 인해 연쇄적으로 전혀 새로운 역학체계가 탄생되었고, 생리학에서는 혈액순환론이 제시되었다. 그리고 왕립협회 등의 학회가 설립되면서 이제 과학은 제도화되어 빠른 발전의 토대를 마련했다. 무엇보다 기계적 철학이라는 현대과학의 근본적 가정이 학문적으로 성립되었다. 이런 연쇄적 반응 속에서 17세기가 끝날 무렵, 유럽의 학문체계는 완전히 재정립된다. 과학혁명의 결과로 16~17세기 사이 유럽인들의 세계관은 돌이킬 수 없이 바뀌어버렸고, 새로운 지적 전망에 의해 과학혁명 이후의 세계는 과학혁명 이전에 살았던 어떤 사람도 전혀 이해할 수 없는 것이 되어버렸다.

과학혁명으로 인해 우리에게는 너무나 익숙한 과학이 우리가 생각하는 모습으로 완성되었다. 신이 가장 사랑하는 피조물을 위해 만들어진 우주의 중심에 위치했던 지구는 태양계의 세 번째 행성으로 격하되었다. 천상세계와 지상세계로 엄격히 구분되던 우주는 단일한 수학적 법칙의 지배를 받는 공간으로 통합되었다. 수학과 실험이라는 방법론이 학문의 가장 중요한 도구로 격상되었다. 무엇보다 이제 유럽인들은 과학의 힘을 빌려 자연의 비밀을 간파하고 이를 통해 세계를 정복하는 것이 가능하리라는 거대한 지향점을 가지게 되었다. 그 결과 역사의 수레바퀴는 현대를 향해 맹렬히 굴러가기 시작했다.

이 모든 과학혁명의 과정에서 가장 중요한 사건은 천동설에서 지동설로 우주구조에 대한 인식이 바뀐 것이다. 너무나 거대한 충격이었기에 과학혁명기 다른 모든 변화의 시작점이 되었기 때문이다. 그래서 이 책에서는 복잡한 과학혁명기 사건 전체를 요약하기보다는 특히 지동설혁명을 이끈 인물들에 대한 설명에 집중할 것이다. 지동설혁명에서 중요한 역할을 해낸 코페르니쿠스, 케플러, 갈릴레이, 뉴턴 등의 생애와 업적을 살펴보는 일은 과학혁명을 생생히 이해할 수 있게 해준다. 그리고 과학이란 무엇이고 우리가 어떻게 과학해야 하는지에 대해서도 많은 것을 생각하게 해줄 것이다.

그러면 이제 우리가 살아가고 있는 시대의 시작에 대해 알아보도록 하자.

# 차례

# 1장

# 지동설의 탄생

# 1
# 니콜라스 코페르니쿠스

과학혁명은 어쩌면 사소해 보이는 것에서 시작되었다. 과학혁명과 지동설혁명의 시작점으로는 흔히 니콜라스 코페르니쿠스(Nicolaus Copernicus, 1473~1543)를 꼽는다. 코페르니쿠스는 전혀 의도하지도 않았고 예측하지도 못했겠지만, 그가 쓴 작은 책 한 권이 이후 꼬리에 꼬리를 물고 발생한 수많은 변화들의 시작점이 되었기 때문이다.

코페르니쿠스는 1473년 폴란드 토룬(Torun)에서 독일계 주민으로 태어났다. 코페르니쿠스는 10세에 아버지를 잃은 뒤 외삼촌에게 양육되었다. 성직자였던 외삼촌의 후원으로 학업을 계속할 수 있었고 나중에는 외삼촌의 성직을 승계해서 어렵지 않은 인생을 살아갈 수 있었다. 18세에 크라코프 의대에 들어가 4년간 의학을 전공했다.

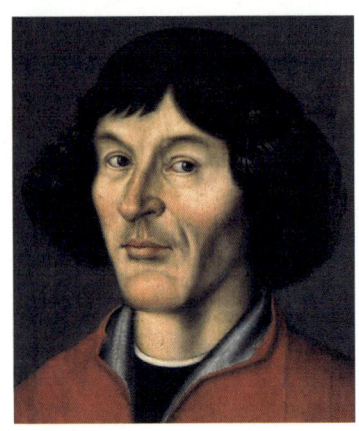

**니콜라스 코페르니쿠스** 지동설을 주장하여 과학혁명을 이끈 사람으로 보편적으로 인정된다.

하지만 이 시기 코페르니쿠스는 수학과 천문학에 관심을 가지게 되었다. 이후 코페르니쿠스는 공부를 계속하기 위해 1495~1505년 사이 10년간 이탈리아에 유학했다. 15세기 말과 16세기 초의 북 이탈리아는 르네상스의 절정에 있었다. 레오나르도 다빈치, 미켈란젤로 등의 예술가들이 한창 활동하고 있었고, 재발견되는 고대문헌들이 체계적으로 정리되고 있었다. 호기심 많은 학자들은 다양한 고대 지식들을 얻을 수 있었다. 이탈리아의 시대 분위기 자체가 새로운 학문에 호의적이었다.

코페르니쿠스는 때마침 바로 이 시기에 이탈리아 유학을 하는 행운을 얻었다. 아마도 이때가 코페르니쿠스의 지동설이 잉태된 가장 중요한 기간이 되어주었을 것이다. 코페르니쿠스는 볼로냐와 파도바 대학 등을 오가며 많은 고대 문헌들을 섭렵했다. 신학, 의학, 법학 등을 공부하며 교회법으로 학위를 받았지만 사이사이에 천문학적 문제에 심취하면서 고대의 여러 우주론들을 접할 수 있었다. 이처럼 코페르니쿠스는 유별난 사람이 아니라 르네상스라는 시대 분위기 속에서 자연스럽게 나타난 인물이었다.

1506년 귀국한 코페르니쿠스는 여러 분야에서 두각을 나타냈다. 그리고 1512년 외삼촌이 사망하자 외삼촌의 성직을 승계했다. 이후

1543년에 죽을 때까지 경제적으로 안정된 성직을 수행하며 독신으로 살았기 때문에 충분한 여유를 가지고 천문학을 연구할 수 있었다. 1514년에는『요약(Commentariolus)』이라 불리는 작은 문서를 만들었는데, 이 문서에 그의 지동설에 대한 최초의 주장이 나온다. 태양이 우주의 중심이며 지구는 태양을 도는 행성이라는 혁명적 주장이 담겨 있었지만 큰 관심을 끌지는 못했다. 정식으로 출간하지 않고 지인들에게 돌려 읽히기만 한데다 사실 이 내용을 뒷받침할 증명과정이나 실험이라고 할 만한 것들이 없었기 때문이다.

그리고 30년 가까운 시간 동안 코페르니쿠스는 이 내용에 대해 별다른 추가 작업을 내놓지 않았다. 아마도 신중한 성격의 코페르니쿠스는 자기 학설이 비웃음거리가 될까 싶어 자세한 사항을 출간하지 않았던 것 같다. 그리고 죽던 해가 되어서야 제자의 권유를 받아들여 작은 책 한 권을 출판했다. 그 책이 바로『천구의 회전에 대하여(De Revolutionibus orbium caelestium)』이다. 이 책에서 구체적인 지동설이 제시되었고 이후 진행된 과학혁명의 시작점이 되었다. 그렇게 코페르니쿠스는 자신의 책이 세상에 어떤 영향을 미칠지 전혀 모른 채 죽었다.

그러면 코페르니쿠스가 주장한 지동설에 대해 알아봐야 할텐데 코페르니쿠스 지동설의 의미를 정확히 이해하기 위해서는 먼저 천동설이 무엇인지부터 이해할 필요가 있다. 우리가 단순하게 들어온 천동설이란 어떤 것일까? 지구가 중심에 있고 태양이 지구 주위를 돈다는 것이다. 그렇다면 지동설은 무엇일까? 지동설은 반대로 태양이 중심에 있고 지구가 태양 주위를 돈다는 것이다. 이런 말을 들으면 의문이 생긴다. 둘 다 기준을 어디에 두느냐의 문제일 뿐 사실 수학적으로 똑같은 말이기 때문이다. 사실 천동설과 지동설 논쟁은 그렇게 간단한 것이 아니다. 지동설을 이해하기 위해서는 먼저 천동설이 무엇인지 제대로 살펴봐야 한다.

# 2
# 아리스토텔레스의 천동설

　천동설의 원형은 기원전 4세기 고대 그리스의 대학자 아리스토 텔레스(Aristoteles, B.C. 384~322)로부터 시작되었다. 알렉산더 대왕의 스승이기도 했던 아리스토텔레스는 유럽 학문의 시작점이라고 볼 수 있는 사람이다. 중세시절 그의 설명은 절대적인 권위를 가지고 있었고 지금까지도 정치학, 윤리학, 철학을 논할 때면 아리스토텔레스는 빠짐없이 언급된다. 그가 주장했던 우주론은 약간씩만 개량되면서 코페르니쿠스 시대까지 2,000년 동안 사용되었다. 아리스토텔레스의 우주론을 이해하려면 난관이 하나 있다. 먼저 그의 철학과 운동이론, 원소이론을 함께 이해해야 하기 때문이다. 우리에게 조금 낯설기는 하지만 다행히 그 기본 내용을 이해하는 것 정도는 그리 어렵지 않다.

**아리스토텔레스 흉상** 아리스토텔레스는 서양학문의 아버지로 일컬어질 만큼 그의 학문적 업적은 거대하다. 천동설의 기본적 형태는 아리스토텔레스에 의해 만들어졌다.

먼저 아리스토텔레스는 모든 존재는 고유한 목적(그리스어 telos)이 있다고 보았다. 이 목적을 이루기 위해 존재는 운동을 한다. 쉽게 예를 들면, 사자는 주린 배를 채우기 위한 '목적'을 이루기 위해 얼룩말을 쫓는 '운동'을 하고, 우리는 학교에서 수업을 듣기 위한 '목적'을 위해 버스를 타고 가는 '운동'을 한다. 여기까지는 쉽게 이해가 된다. 하지만 우리는 돌멩이나 토성이나 안드로메다 은하의 목적을 묻지는 않는다. 하지만 아리스토텔레스에게는 모든 존재가 목적이 있다. 돌멩이부터 태양이나 별까지 목적 없는 존재는 없다. 이런 생각을 목적론적 세계관이라고 한다. 그래서 아리스토텔레스는 우주구조에 대한 설명도 자신의 목적론적 세계관에 맞게 설명해냈다.

먼저 아리스토텔레스의 우주는 두 세계로 나뉜다. 천상세계(Celestial world)와 지상세계(Terrestrial world)로 뚜렷이 구분된다. 우주의 중심에는 지상세계가 있고, 그 바깥쪽을 천상세계가 감싸고 있다. 두 영역의 경계는 달의 궤도다. 달 궤도 아래는 지상세계이고, 달 궤도 부터는 천상세계이다. 두 세계로 우주를 나눈 이유는 두 세계가 구성원소부터 운동법칙까지 전혀 다르기 때문이다.

| | |
|---|---|
| **천상세계(Celestial world)** | 영구불변, 등속원운동, 에테르(제5원소) |
| **지상세계(Terrestrial world)**  | 불완전한 세계, 생성소멸의 반복, 천하고 유치하며 처음과 끝이 있는 직선운동 |

고상함

🔥 불

🌊 공기

💧 물

⛰ 흙

비천함

**아리스토텔레스의 우주론 – 지상계와 천상계 개념도**

먼저 지상세계는 흙, 물, 공기, 불의 네 가지 원소로 구성된 불완전한 세계다. 우리 주변에 있는 지상세계의 만물들은 이 4원소가 뒤섞이며 만들어진다. 지상세계는 불완전하기 때문에 운동은 처음과 끝이 있는 천하고 유치한 운동인 직선운동이 발생한다. 또 불완전하므로 생성 소멸하는 변화가 발생된다. 그래서 봄여름가을겨울이 있고 생명체도 끝없이 태어나고 죽는 변화무쌍한 세계다. 지상세계에서 무거운 물체는 낙하하고 가벼운 물체는 상승한다. 낙하하고 상승하는 이유는 '자신의 목적을 이루기 위해', 즉 자신의 본성에 적합한 장소로 이동하기 위해서다.

4원소 중 가장 무거운 원소는 흙이고, 그래서 흙은 우주의 가장 '아래'인 우주의 중심으로 이동하고자 한다. 그래서 우주의 가장 아래, 우주의 중심에는 흙으로 구성된 지구가 자리 잡고 있다. 그 위에 차례로 무거움의 정도에 따라 물의 층인 바다가 있고, 그 위에 공기의 층이 있으며, 지상세계의 가장 상층부에는 4원소 중 가장 가벼운 불의 층이 위치한다. 이것이 각 원소가 '있을 곳'에 있는, 즉 '목적'을 이룬 상태이다. 그래서 돌멩이는 아무리 강제로 하늘로 던져도 결국 자신이 '있을 장소'인 땅으로 돌아간다. 불을 피우면 불이 모여 있어야 할 장소인 불의 층이 위치한 하늘로 올라간다.

한편 천상세계는 지상세계와 전혀 다르다. 천상세계는 영원불변한 세계다. 천상세계는 지상세계에는 존재하지 않는 원소인 제5의 원소 에테르(ether)로 구성되어 있다. 고귀하고 영원불변한 원소인 에테르는 당연히 영원불변하고 고상한 운동인 '등속원운동'을 한다. 영원불변하니 별들은 태어나거나 사라질 리 없다. 천체들은 지구를 양파껍질처럼 차례차례 감싸고 있는 천구에 붙어서 지구둘레를 돌고 있다. 이 천구는 수정처럼 투명해서 보이지 않고 그 천구에 얹혀 있는 천체들만 보인다. 태양, 달, 별 같은 천체들은 이 천구에 '붙어서' 천구와 함께 돌고 있는 것이다. 목성은 목성 천구에 붙어 있고, 토성은 토성천구에 붙어있다. 천구가 돌면서 이들 천체도 함께 움직이게 된다. 해와 달과 별이 지구를 중심으로 회전하는 것은 이런 이유 때문이다. 지상세계의 불행하고 유한한 존재들과 달리 그 천체들은 영원히 회전한다.

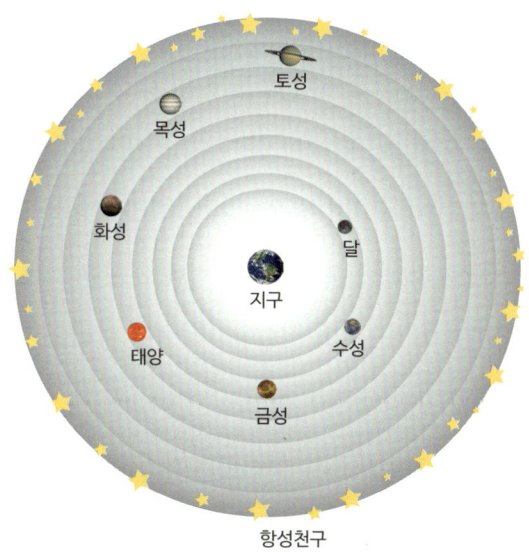

**아리스토텔레스의 우주** 천체들은 자신의 천구 안에서 우주의 중심에 위치한 지구를 돈다. 그래서 충돌할 리 없다.

천구를 지상계에 가까운 순서대로 단순화하면 달, 수성, 금성, 태양, 화성, 목성, 토성천구가 있고, 별들이 박혀 있는 항성천구가 있으며, 가장 바깥은 제일천구(First Heaven)가 있다. 맨 바깥의 제일천구는 중세시절이 되면 기독교 신학에서 천국으로 대체되기 용이했다.

이 천동설의 기본개념은 우리에게 익숙한 설명과 다르기 때문에 처음 들으면 자칫 우스꽝스럽게 느껴질 수 있고 어렵게 느껴질 수도 있다. 하지만 우리가 고대인이라면 이 설명을 어떻게 받아들일지 생각해볼 필요가 있다. 아리스토텔레스의 설명은 주변에서 우리가 겪고 있는 모든 현상들을 잘 설명해준다. 땅 위의 바다, 그 위에 공기의 층, 그 속에서 돌멩이의 낙하와 불의 상승, 밤하늘 천체들의 운동이나 그 영원성에 이르기까지 우리의 경험과 잘 일치하는 설명을 제공한다. 그러면서도 자신의 목적론적 철학에도 모순 없이 잘 어울린다. 그랬기에 아리스토텔레스의 설명은 큰 의심 없이 자연스럽게 오랜 기간 받아들여질 수 있었다.

사실 이 아리스토텔레스의 우주론은 매우 특별한 것이다. 위와 아래의 개념이 다른 문명들과 뚜렷한 차이를 보이고 있다. 다른 문명권에서는 바라본 우주는 평평한 땅을 전제로 한다. 위와 아래는 지표면을 따라 대칭으로 뚜렷한 방향을 가지고 있다. 하지만 아리스토텔레스 우주론에서는 땅은 구형이고 그 중심점이자 우주의 중심점이 '아래'이고 우주의 바깥쪽이 '위'가 된다. 이런 식의 생각은 오직 고대 그리스에서만 발견된다. 그리고 지동설도 바로 이 둥근 지구라는 아주 중요한 개념을 그대로 이어받고 있다는 것을 생각해 보면 천동설과 지동설은 반대라기보다는 지동설이 천동설의 사소한 개량이라고도 볼 수 있다.

또 하나 주목할 만한 것은 이 우주구조 안에는 자연스럽게 고귀한 것과 천한 것을 나누는 위계사상이 자리 잡고 있다는 것이다. 가볍다는 것은 위에 있고 더 고귀하다는 것을 의미하며, 무겁다는 것은 아래에 있어야 하고 곧 천하다는 것을 의미한다. 그래서 가장 가벼운 것은 에테르로서 가장 고귀하고 영원하며, 그 아래의 비교적 가벼운

불은 좀 덜 고귀한 것이고, 공기, 물, 흙으로 내려갈수록 비천한 것이 된다. 무언가 비슷한 이미지가 있다. 바로 아리스토텔레스가 살던 그리스 사회의 모습이다. 고귀한 지배자인 시민들이 있고, 그 아래 비천한 신분의 노예들이 있다. 아리스토텔레스는 신분제가 자연스러운 세상에 살았다. 그러니 자연에도 귀천이 있다고 보는 것이 어쩌면 당연했을 것이다 우리가 자연을 바라보는 방식은 이렇게 우리가 살아가는 사회상을 반영하고 있을지도 모른다.

그러면 아리스토텔레스에 의해 설명되는 우주의 모습을 다시 한 번 정리해보자. 달은 왜 지구를 돌고 있을까? 답은 간단하다. 천상의 원소 에테르로 구성된 달은 영원불변하며 그래서 영원불변하고 고귀한 운동인 등속원운동을 한다. 돌은 왜 땅으로 떨어질까? 흙으로 구성된 돌은 원소 자체의 속성 때문에 당연히 아래로 떨어진다. 아리스토텔레스의 우주론에서는 이처럼 모순 없는 체계적인 설명들이 제시되고 있다. 이 우주론은 설명된 것처럼 우주구조에 대한 이론, 물질원소이론, 운동이론이 견고하게 목적론적 철학체계에 통합된 형태이기 때문에 여간해서는 붕괴시키기 힘들다.

하지만 동시에 하나가 붕괴되면 급속히 해체될 '꾸러미'이기도 하다. 전체를 받아들이거나 전체를 거부해야 한다. '부분적 개량'은 거의 불가능하다. 그러니 지동설혁명은 오래 걸릴 수밖에 없었다. 완전히 새로운 우주론과 원소이론과 운동이론을 모두 완성해야만 아리스토텔레스의 우주론은 대체될 수 있었기 때문이다. 이렇게 아리스토텔레스의 역학과 우주론은 아리스토텔레스 철학과 잘 조화되며 관찰 결과와도 일치했다. 하지만 이후 정밀한 관측자료가 쌓이자 몇백 년 동안에 걸쳐 천문학자들은 아리스토텔레스 우주론을 조금씩 개량해야 했다.

# 3

# 프톨레마이오스의 천동설

프톨레마이오스(Claudios Ptolemaios, 100?~170?)는 고대 천동설을 완성한 사람으로 평가받는다. 아리스토텔레스로부터 거의 500년 뒤의 천문학자였던 그는 이전 수백 년 동안의 천문관측기록들을 참조해서 코페르니쿠스 시기까지 사용될 천동설을 완성했다. 아리스토텔레스 이후 천문학은 여러 개념들이 도입되며 복잡해졌고 에우독소스, 아폴로니우스, 히파르코스 등 많은 천문학자들의 노력이 있었다. 하지만 너무 어렵고 복잡한 얘기가 될 수 있으니 여기서는 프톨레마이오스와 주전원이라는 대표적 인물과

**프톨레마이오스**

개념만 설명하도록 한다.

## 주전원의 도입

항성 천구에는 수많은 별들이 박혀서 함께 돌아가는데, 왜 수성, 금성, 화성, 목성, 토성의 다섯 행성은 따로 천구가 있을까? 태양과 달은 다른 별들과 달라 뚜렷이 구분되지만 다섯 행성은 겉보기에 그냥 별과 같아 보이고 당시에는 당연히 태양계의 행성들임을 몰랐을 때다. 그런데도 왜 이들은 항성 천구에서 독립되어 따로 자신만의 천구를 가지게 되었을까? 그 이유는 이 다섯 행성의 움직임이 아주 특별했기 때문이다. 다른 모든 별들은 하늘에 붙박혀 있는 듯이 함께 움직인다. 북극성을 중심으로 일정한 상대적 위치를 유지하며 동심원을 그린다. 하지만 이들 다섯 행성들은 하늘에서 이리저리 위치가 변하며 마치 술 취한 듯이 앞으로 갔다 뒤로 갔다 하면서 불규칙하게 움직인다.

이것은 오래전부터 잘 알려진 사실이다. 7요일 체계의 기원이 바빌로니아에서 이미 시작했고, 동양도 음양오행설(陰陽五行說)에서 이미 다섯 행성을 특별히 취급했다. 인류에게는 익숙한 지식이다. 그래서 고대 그리스인들도 떠돌이별이란 의미의 'planet'으로 행성들을 지칭했고 이 단어는 오늘날 영어에서 그대로 쓰인다. 그렇다면 아리스토텔레스 체계는 바로 문제가 발생한다. 간단히 생각해봐도 이

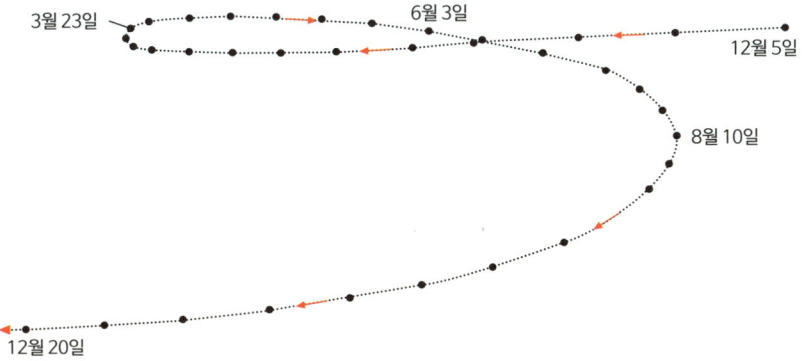

**행성들의 겉보기운동**　서기 132~133년 사이 프톨레마이오스가 관찰한 토성의 경로변화. 아리스토텔레스의 말대로 천체들이 등속원운동을 한다면, 왜 다섯 행성은 이렇게 술 취한 듯이 비틀거리며 움직일까? 고대 천문학자들에게는 중요한 문제였다.

들 다섯 행성은 '아름다운' 등속원운동으로는 설명 불가능한 천체들이다. 자세히 살펴보면 이 다섯 행성은 앞으로 가는 순행운동과 잠깐 뒤로 물러서는 역행운동을 반복하며 움직인다.

아리스토텔레스는 이 사실을 몰랐던 것일까? 그 역시 이런 문제를 잘 알고 있었다. 하지만 그는 문제의 해결을 후세인들에게 떠넘겼다. 자신의 이론은 완벽하니 완벽해 보이지 않는 '현상을 구제하라 (Save the Phenomena)'고, 즉 관찰결과를 어떻게든 이론에 일치시키라고 천문학의 목표를 제시한 것이다. 자칫 우스꽝스럽게 들릴 수 있다. 나타난 현실에 이론을 일치시켜야지 이론에 현실을 맞추라니 말이 되는가? 하지만 이런 상황은 의외로 오늘날도 많이 발견할 수 있다. 완벽해 보이는 이론에 일치하지 않는 실험결과가 나오면 과학자들은 자신의 실험에 문제가 있을 거라고 단정하는 경우가 많다. 끝없이 새로운 측정을 반복해서 어떻게든 아름다워 보이는 이론에 굴복시키려는 것은 비단 아리스토텔레스 시절만의 일은 아니다.

아리스토텔레스 이후는 이렇게 관측기록과 우주론적 통찰을 조화시키기 위한 노력이 필요한 시점이었다. 아리스토텔레스의 천재적 직관은 위대했으나 분명한 한계가 있었다. 고대인들은 그 한계를 보지 못할 만큼 멍청하지는 않았다. 해결을 위해 긴 세월 동안 다양한 노력들이 더해졌다. 거의 500년이 지난 후 기원 2세기 로마제국의 팽창이 절정에 이르게 된 시대에 프톨레마이오스는 아리스토텔레스 체계에 기반하고 고대 천문학 지식을 총합하여 고대적 우주론을 완성시켰다. 프톨레마이오스는 행성들의 순행과 역행이 번갈아 반복되는 상황을 주전원(epicycle)의 개념을 도입해서 해결했다. 행성이 단순히 원 궤도를 도는 것이 아니라 스스로 작은 소원을 그리면서 지구 주위를 돌게 된다고 보면 상황을 쉽게 설명할 수 있었던 것이다. 주전원은 행성의 궤적이 그리게 되는 작은 소원을 지칭한다. 행성들은 이 소원을 그리며 돌면서 동시에 지구 주위를 큰 원을 그리면서 회전한다. 그러면 행성이 주전원 궤도를 따라 지구를 반대방향으로 돌게 될 때 지구에서 보면 역행 운동이 관찰될 것이다.

이 탁월한 설명에 의해서 우주의 중심에서 움직이지 않는 지구와 천체의 원운동 개념을 보존할 수 있었다. 하지만 그 대가로 지구를 중심으로 한 투명한 천구들의 개념은 사실상 포기할 수밖에 없었다.

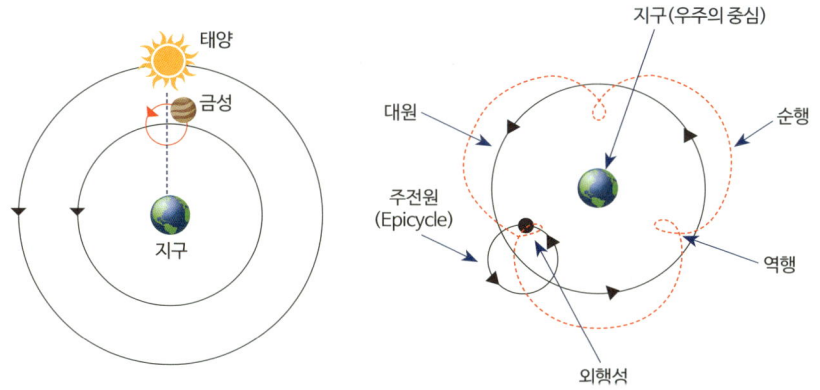

**주전원으로 설명된 행성운동**　행성의 겉보기운동은 주전원의 조합으로 어느 정도 설명될 수 있었다. 대신 천문학적 계산은 많은 주전원들 때문에 매우 복잡해졌다.

또 여러 복합적 요인들과 관찰결과를 일치시키기 위해 프톨레마이오스 체계에는 80개가 넘는 주전원들이 그려져야 했다. 그래서 끔찍하게 복잡했다. 하지만 당시의 관측 결과와 가장 잘 부합했고 정확한 예측에도 뛰어났다. 일반적 상식과 쉽게 어울렸으며, 특히 아리스토텔레스의 우주관과도 '대부분' 일치했다.

## 『알마게스트』

프톨레마이오스는 그리스 이론 천문학의 유산과 오리엔트의 관측자료를 종합해서 정밀한 수리 천문학 체계를 집대성한 책을 완성했다. 그로부터 300년 정도가 지나면 유럽은 중세 시대로 접어든다.

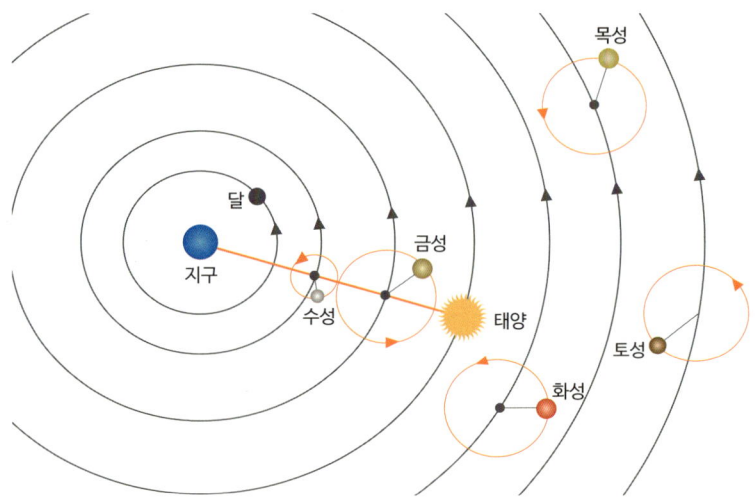

**주전원이 추가된 천동설** 『알마게스트』에 제시된 많은 주전원이 그려진 천동설은 정확하지만 매우 복잡하다는 단점이 있었다.

고대지식의 등불은 꺼졌고 어떻게 판단해도 문명적 퇴행이 분명한 중세가 도래했다. 유럽인들은 이제 아리스토텔레스가 누구인지도 잘 모르는 시절을 맞게 되었다. 이 시기 고대 그리스의 지식들은 대부분 아랍에서 보호되고 발전되었다. 9세기 아랍 천문학자들은 프톨레마이오스의 책을 번역하면서 그 정확한 내용에 감명 받아 아랍어 정관사 알(Al)과 위대하다는 의미의 그리스어 메기스테(Megiste)를 합쳐 『알마게스트(Almagest)』로 부르기 시작했다.

중세 유럽인들은 후일 이 책을 재발견하면서 『알마게스트』라는 명칭을 그대로 사용했다. 중세 후반기에 아리스토텔레스 철학이 부활되어 기독교 신학의 기본 틀을 형성하자 아리스토텔레스의 우주관과 『알마게스트』는 쉽게 결합되어 중세 기독교 세계의 공인된 우주체계로서 확고한 위치를 차지하게 되었다. 『알마게스트』는 12세기 이후 유럽에 재도입되었고 코페르니쿠스는 그로부터 300년 정도 뒤의 사람이다. 코페르니쿠스가 자신의 지동설을 만들 수 있었던 것은 바로 이 프톨레마이오스의 책이 있었기 때문이다. 유럽 지식인들을 탄복시키며, 정밀한 관측자료에 근거하고 복잡한 수학체계로 이론을 전개하는 천문학적 방법론 자체를 가르쳐준 책이기 때문이다. 따라서 『알마게스트』는 '천동설을 담고 있는 책'이라기보다 '올바른 천문학의 모범을 보여준 책'으로 이해하는 것이 옳을 것이다.

프톨레마이오스의 『알마게스트』에 체계화된 천동설이 없었다면 지동설이 대두되기는 힘들었을 것이다. 그 정확도와 놀라운 관측 데이터의 총량으로 볼 때 아무리 당시까지 전해진 관측자료가 있었다 하더라도 프톨레마이오스의 전 생애를 바친 작업이었을 것이다. 고대 천문학의 종합판이 이렇게 코페르니쿠스 시대 학자들에게 선물로 주어졌다. 천동설 자체가 지동설의 중요한

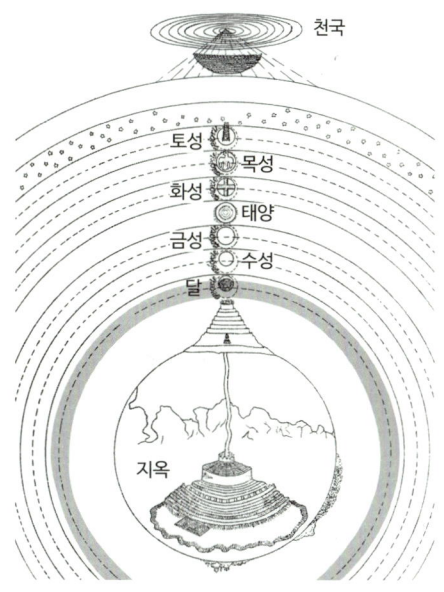

**중세 최고의 문학작품 단테의 『신곡』에 언급된 우주의 구조를 표현한 그림**  기독교 신학의 천국과 지옥이 천동설 이론체계와 합쳐져 우주 속에서 공간적 위치를 점하고 있는 중세적 세계관을 잘 보여준다.

토대였다. 정확한 관측에 의한 기하학적 설명과 기술, 그리고 정확한 동작 구조와 원인을 밝히는 일은 이미 고대에 지속적으로 시도되었기에 코페르니쿠스에 의해 '비슷한 그림'을 만드는 작업이 진행될 수 있었던 것이다. 이런 과정을 돌이켜볼 때 천동설을 지동설과 상반되거나 지동설의 발전을 방해하는 요소로 보는 것은 단순한 해석이다.

# 4

# 코페르니쿠스의 지동설

지동설을 주장한 『천구의 회전에 대하여』는 코페르니쿠스가 죽

던 해인 1543년에야 출판되었다. 앞서 설

명된 천동설이 이해되었다면 코페르니쿠

스의 주장을 이해하기는 쉽다. 코페르니쿠

스 이론을 간단히 요약해본다면 그는 프톨

레마이오스 체계에서 태양과 지구의 위치

를 바꾸었다. 그렇게 되면 달은 자연히 지

구와 함께 움직여야 한다. 이제 천구의 배

열은 태양, 수성, 금성, 지구, 화성, 목성, 토

성, 항성 천구의 순서가 되어야 했다. 지구

는 태양에 대한 공전과 스스로의 자전이라

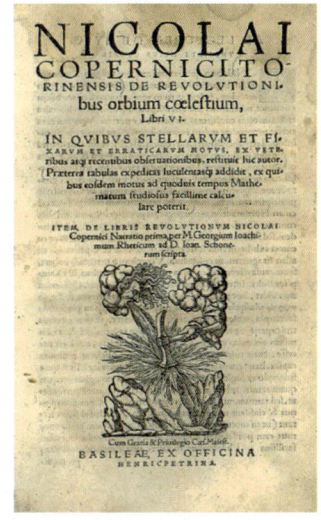

**『천구의 회전에 대하여』** 근대 지동설은
이 책에서 시작되었다.

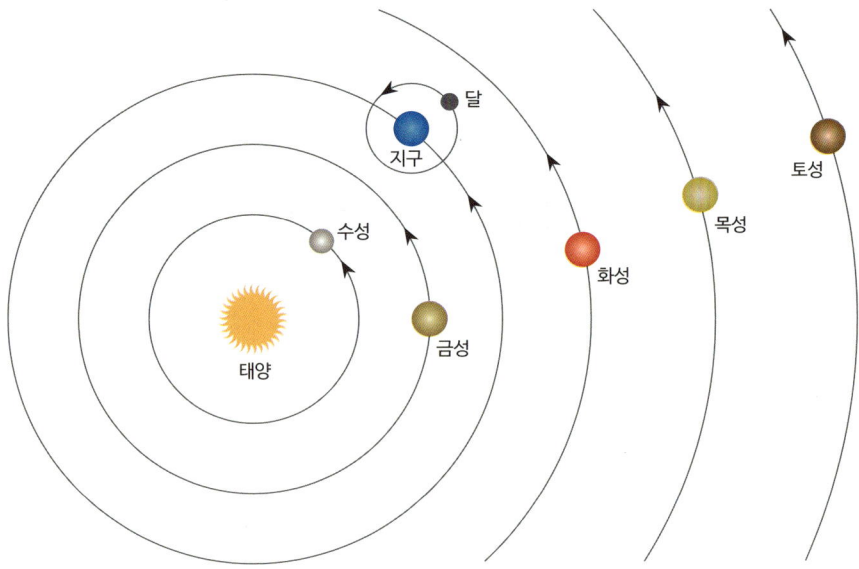

**코페르니쿠스 지동설**    결정적인 장점은 수많은 주전원이 상당히 줄어들었다는 것이다.


는 속성이 추가되었다.


## 지동설의 장점


그러면 이런 설명은 어떤 장점을 가질 수 있을까? 가장 중요한 것은 행성들의 겉보기운동을 많은 주전원 없이 설명할 수 있다는 것이다. 코페르니쿠스는 책 전반부에 자기 이론을 사용하면 천문학적 계산이 매우 쉬워진다는 것을 자랑스럽게 제시했다. 지동설을 사용하면 행성의 역진운동을 설명하기가 쉬워진다. 행성의 역진운동을 설명하는 데 사용되었던 수많은 프톨레마이오스의 주전원이 상당히

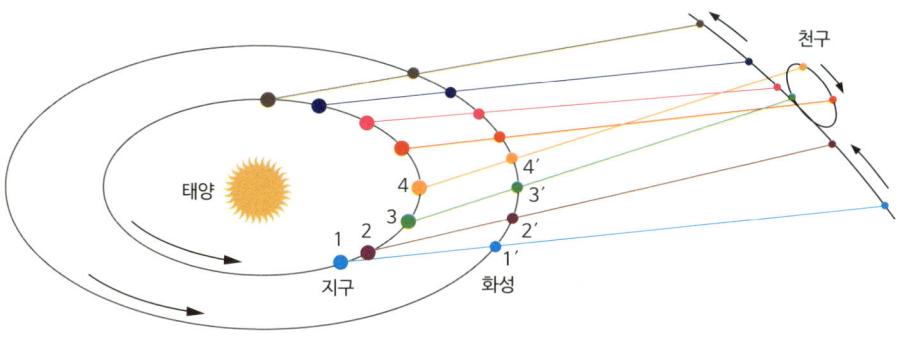

**지동설에서 화성의 역진운동**    지구가 화성보다 빠르게 화성을 가로질러 지나칠 때면 지구에서 화성은 역진운동하는 것처럼 보인다. 행성들의 역진운동은 주전원 없이 설명가능하다.

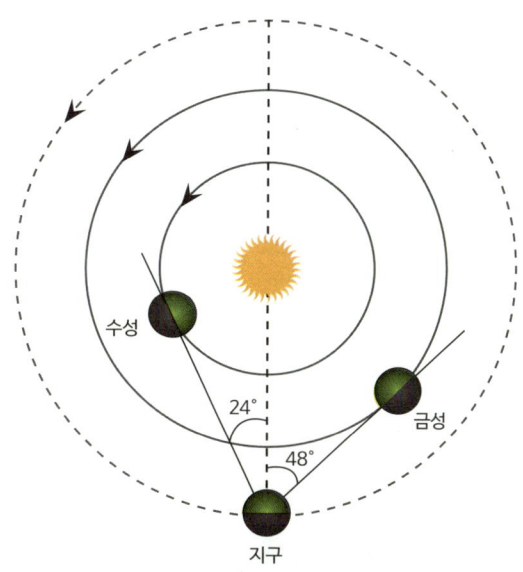

**지동설에서 수성과 금성의 위치문제**
그림에서 볼 수 있는 것처럼 지구에서 관찰했을 때 수성은 태양과 최대 24° 이상 멀어질 수 없고, 금성은 48° 이상 멀어질 수 없다. 그래서 새벽에만 보인다. 지동설에서는 이 현상이 아주 쉽게 이해된다.

사라지게 된 것이다.

다음으로, 왜 수성과 금성은 항상 태양 근처에서 관찰되는가라는 오래된 물음에 답할 수 있게 된다. 금성을 샛별이라 부르는 이유는 새벽에만 보이기 때문이다. 수성과 금성은 언제나 해뜨기 직전의 새벽에 관찰된다. 천동설에서는 그래야만 할 특별한 이유가 존재하지 않는다. 하지만 지동설에서는 수성과 금성이 지구보다 안쪽 궤도를 돌고 있는 내행성이기 때문에 이 현상이 잘 설명된다.

또 다른 장점으로는 항성천구가 맹렬한 속도로 지구 주위를 돌 필요가 없어진다는 것이다. 지구가 자전하면 항성천구는 멈춰 있으면 되기 때문이다. 천동설에서 항성천구는 하루에 한 바퀴 지구를 돌아야 한다. 그렇다면 까마득히 멀리 떨어진 항성천구는 도대체 얼마나 빠른 속도로 움직이고 있는 것일까? 이 문제는 천동설 시대에 많은 학자들이 궁금했던 질문이었다. 그런데 지동설로 바뀌는 순간 이 문제는 답이 주어지는 것이 아니라 그 질문 자체가 의미가 없어진다. 지구의 자전으로 간단히 대체되면서 항성천구는 멈춰 있으면 되는 것이다. 덧붙여 지동설에서는 태양에서 멀수록 행성들의 주기가 느리다. 수성보다 금성이, 목성보다 토성이 주기가 더 느리다. 천동설에서는 지구 주위를 도는 행성들의 속도와 주기는 불규칙적이다. 하지만 지동설에서는 태양에서 멀리 떨어진 행성일수록 오랜 시간에 걸쳐 태양주위를 돈다. 무언가 일관성 있게 느껴질 수 있다. 이 정도까지가 지동설의 장점이라 할 수 있었다. 하지만 문제는 지동설의 단점은 이런 장점들을 상쇄할 만큼 많았다는 것이다.

## 지동설의 단점

가장 치명적인 지동설의 단점은 우주구조를 지탱하기 위한 어떠한 역학적 설명도 없었다는 점이다. 왜 흙으로 만들어진 지구가 지동설에서 우주의 중심에 위치시킨 태양을 향해 떨어지지 않을까? 가장 무거운 원소인 흙은 우주의 가장 아래인 우주중심을 향해 낙하해야 하지 않는가? 물리적으로 불가능한 체계였다. 코페르니쿠스는 이 문제에 대해 아무 대답도 하지 않았다.

또한 새로 만든 체계는 인상적일 만큼 간단하지도 않았다. 주전원이 완전히 사라진 것이 아니기 때문이다. 실제 행성들은 타원궤도를 돌고 있지만 코페르니쿠스도 여전히 원운동으로 설명하고 있었기 때문에 관측결과와 일치시키기 위해서는 여전히 많은 수의 주전원을 남겨둬야 했다. 주전원의 수는 1/3 정도로 줄어서 계산에는 분명 효율적이었다. 하지만 프톨레마이오스 체계와 뚜렷이 비교되는 단순성은 아니었다. 만약 주전원이 전부 없어졌다면 충분히 인상적이었겠지만, 많이 줄어든 것만으로는 설득력이 부족했다.

그리고 또 하나 치명적인 약점이 제시되었다. 항성의 연주시차 문제다. 만약 지구가 태양을 돌면서 위치가 바뀐다면 계절에 따라 별들의 상대적 위치가 바뀌어 보여야 할 것이다. 하지만 그런 시차는 발견되지 않았다. 이를 항성 연주시차 문제라고 한다. 사실 이 연주시차는 미미하지만 존재한다. 하지만 당시 관측기술로는 이런 시차를

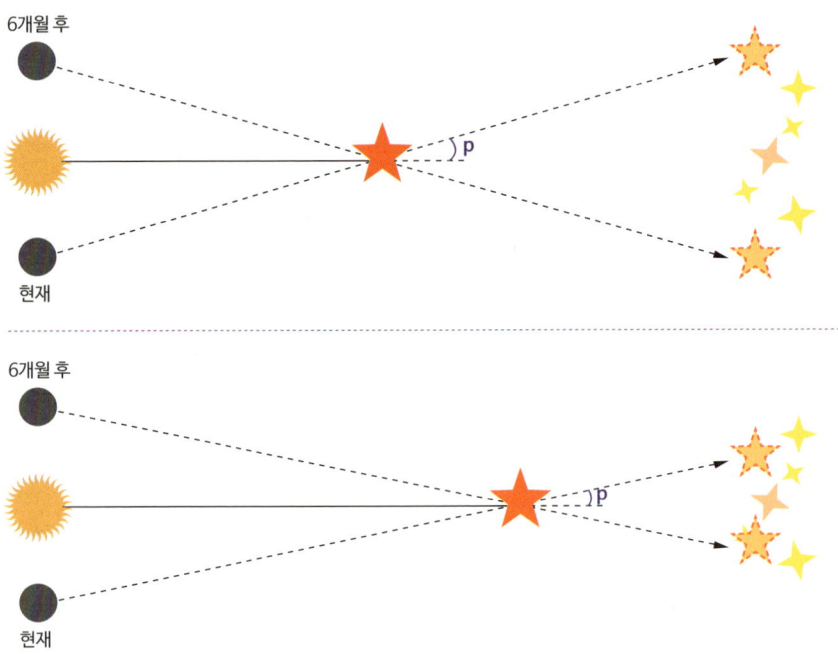

**연주시차 문제** 그림에서 보는 것처럼 지동설에서는 지구의 위치가 반년마다 태양의 반대편에 가 있어야 한다. 그러면 별들을 관찰할 때 지구 위치에 따라 상대적 위치가 바뀌어 보여야 할 것이다.

발견할 수 없었던 것이다. 실제 코페르니쿠스도 별들이 너무 멀리 떨어져 있어 항성 연주시차가 관측되지 못할 만큼 작은 것이라고 주장했다. 하지만 그건 사실상 무한에 가까운 너무나 먼 거리를 상상해야 했기 때문에 현실적으로 느껴질 수 없었다. 하지만 그것은 사실이었다.[2] 별들은 코페르니쿠스의 상상보다도 훨씬 멀리 있었다. 어쨌든

2  태양에 가장 가까운 항성조차도 몇 광년이나 떨어져 있다. 이로 인해 인류가 처음 연주시차를 측정한 것은 19세기에 이르러서였다. 가장 가까운 별의 연주시차는 0.76″(1″는 1°의 3,600 분의 1)다. 훨씬 더 먼 별들은 오늘날에도 연주시차를 관측할 수 없기 때문에 전혀 다른 방식으로 항성들까지 거리는 측정되고 있다.

시대상으로 보아 이 비판은 정당
한 것이었고 지동설의 중요한 약
점 중 하나가 되었다.

**달 사진**　지구를 도는 달은 지동설 체계 내에서 이상한
변칙사례였다.

덧붙일 만한 또 하나의 문제
는 달의 특수성에 있다. 지동설
에시는 모든 친체가 대양을 중심
으로 도는데 그렇다면 왜 달만
태양을 중심으로 돌지 않고 지구
를 중심으로 도는 것일까? 무언가 일관성 없는 이상한 현상이 아닌
가?

무엇보다 대중들에게 천동설이 받아들여지기 힘들었던 부분은
지구의 움직임을 전혀 느낄 수 없다는 부분이었다. 우리가 지구의 움
직임을 전혀 느낄 수 없어도 지구가 움직인다는 것을 믿는 것은 관
성의 개념을 배웠기 때문이다. 하지만 당시는 관성의 개념이 없었다.
관성 개념은 후일 갈릴레오가 제시하게 된다.

이상의 상황을 종합해볼 때 지동설은 장점에 비해 단점이 훨씬 많
았다고 볼 수 있다. 우리는 지동설이 처음 나왔을 때 왜 당시 사람들
이 이를 받아들이지 못했는지 궁금해하지만 사실 궁금해야 하는 것
은 왜 지동설이 일부에서나마 받아들여졌는지에 관한 것이다. 코페
르니쿠스 이론은 분명히 현실성이 없었다. 하지만, 그럼에도 확실한

장점 한 가지는 계산하기 쉬웠다는 점이다. 신학자와 대중들에게는 전혀 와닿지 않았지만 천문학자들 입장에서는 편한데 쓰지 않을 이유가 없었다. 그래서 이후 수십 년 동안 천문학자들은 지동설을 천동설과 함께 잘 사용했다. 그리고 이후 케플러, 갈릴레오 등의 활약으로 취약했던 지동설에 상당한 정당성을 부여할 수 있는 업적이 만들어졌던 것이다.

# 코페르니쿠스는 지동설을
# 처음 주장한 사람이 아니다?!

코페르니쿠스는 지동설의 최초 주장자가 아니었다. 최초의 지동설은 고대시절인 기원전 3세기 아리스타르코스가 주장한 것으로 알려져 있다. 하지만 아리스타르코스의 주장은 관측된 천문자료를 냉정히 분석해서 얻은 결과가 아니었다. 그는 상당히 신비주의적인 관점에서 지동설을 주장했다. 코페르니쿠스는 이탈리아에서 공부할 때 아리스타르코스 이론을 들었을 확률이 높다. 그리고 많은 천문학자들이 아리스타르코스가 주장한 고대의 지동설을 잘 알고 있었다. 그럼에도 그들이 지동설에 손을 대지 않은 것은 무책임하고 비합리적이었기 때문이다.

반면 프톨레마이오스의 천동설은 엄밀한 관측자료에 근거한 합리적인 이론이었다. 사실 지동설은 코페르니쿠스가 수학적 탐미주의자의 입장에서 천문학에 접근하지 않았다면 선택할 이유가 없어 보인다. 합리적인 성향의 학자라면 당연히 체계적이고 물리적인 설명을 갖추고 있는 천동설을 선택하는 것이 옳았다. 즉 지동설은 코페르니쿠스의 '비합리적인' 성격의 특성들에서 시작되었을 확률이 높다. 또한 코페르니쿠스는 자신의 책에서 행성들이 일정한 속도로 완전한 원을 그리며 돌아야 한다는 아리스토텔레스의 주장에도 그대로 동조하고 있다. 이에 따라 그는 프톨레마이오스 이론에서 행성들이 부등속의 다양한 속도로 돌아야 한다는 것이 불합리하다고 보았다. 그는 아리스토텔레스를 극복하겠다는 목표가 아니라 아리스토텔레스 체계를 바로잡겠다는 목표를 가지고 있었던 셈이다.

또 하나 생각해볼 것은 코페르니쿠스 체계가 천구를 사용하는 수학적 지동설이라는 사실이다. 천구는 고대부터 천동설에서 사용했고 고대 지동설에는 없었던 체계다. 고대 지동설은 관찰과 일치하는지를 살피는 부분에 있어서는 철저하게 무책임한 편이었지만, 천동설 학자들은 면밀히 계산한 천구를 사용해 관찰결과와 일치시키는 설명에 힘을 쏟아왔다. 코페르니쿠스 이론은 큰 틀의 설명은 고대 지동설을 따랐지만 방법론은 프톨레마이오스의 천동설을 따랐다. 다시 말해 코페르니쿠스의 주장들은 이 두 가지 이론의 종합판이다. 어쩌면 그는 천동설과 지동설이라는 고대의 두 가지 이론 틀을 묘하게 뒤섞었다고 볼 수 있다.

**마르틴 루터** 종교개혁을 이끈 마르틴 루터. 루터는 코페르니쿠스의 지동설을 어리석다고 비난했다.

냉정히 판단해볼 때, 코페르니쿠스의 주장은 어쩌면 작은 개량이었다. 천구도, 역학체계도, 주전원도 그대로 있었다. 약간 쉬워진 계산 말고는 선택할 이유가 특별히 없는 체계였다. 성공하기 힘든 시도였다. 실제로 종교개혁을 이끈 마르틴 루터 등의 몇몇 유력한 성직자들은 코페르니쿠스의 이론을 듣고 강력하게 비판했다. 하지만 다행히 그 외에 더 이상의 일들은 일어나지 않았다. 그래서 지동설은 금지당하지 않고 이후 천문학자들에게 지속적으로 영향을 미칠 수 있었다.

# 과학혁명의 토대가 된 15세기 르네상스,
# 학자와 장인이 만나며 중세가 끝나다

15세기 중반까지 유럽 문명은 다른 문명들에 비하면 한없이 초라했다. 당시 유럽은 동아시아, 인도, 이슬람 문명보다 뚜렷이 가난했고, 지적 수준은 낮았으며, 인구도 훨씬 적었다. 하지만 이후 불과 반세기 만에 이 모든 상황이 바뀌어버렸다. 먼저 1453년에 오스만투르크 제국 군대가 동로마제국의 수도 콘스탄티노플을 함락시키는 거대한 사건이 벌어졌다. 천년을 이어온 동로마제국이 멸망했다. 이제 강력한 이슬람 군대가 유럽대륙에 발을 들여놓았다. 얼핏 유럽문명에게 재앙으로 보이는 사건이었고 유럽인들은 큰 충격을 받았다. 하지만 이 사건은 오히려 유럽의 각성을 도왔다. 멸망한 동로마제국의 지식인들은 서유럽으로 떠났다. 특히 이탈리아에서 꽃피고 있던 르네상스는 이런 지식의 대이동에 의해 더욱 탄력을 받았다.

또한 15세기 후반에는 다양한 지리상의 발견들도 이어졌다. 탐험가들은 희망봉을 돌아 인도 항로를 개척했고, 이제 이슬람 상인들의 중개무역에 의존하지 않고 유럽인들이 인도 직접 교역할 수 있게 되었다. 특히

1492년의 신대륙 발견은 엄청난 부가 유럽으로 쏟아져 들어오는 계기가 됐다. 그뿐 아니라 기술상의 중요한 발전도 나타났다. 1440년대 구텐베르크가 금속활자 인쇄술을 개발한 후 인쇄된 책들이 급증했다. 책이 흔한 물건이 되자 지식인들이 많아졌고 지식의 양도 늘어났다. 한 마디로 유럽은 50년 남짓한 기간 사이 엄청난 신대륙의 부와 지식의 확대 재생산이 가능한 기술과 동유럽에서 넘어온 엄청난 자료와 다수의 지식인들을 얻은 것이다. 그 결과 이제 유럽은 수백 년간의 고속성장을 위한 기반을 얻었다. 코페르니쿠스가 이탈리아에서 유학할 무렵인 15세기 말 유럽은 모든 면에서 이전과는 다른 가능성으로 충전되어 있었다.

　신대륙의 부가 넘쳐나고 엄청난 고대 지식이 쏟아져 들어오자 유럽 지식인들의 생각은 바뀌기 시작했다. 학문 발전은 당연했지만 그 형태도 변화했다. 무엇보다 이 시기 눈에 띄는 변화는 다빈치나 미켈란젤로 같은 장인들도 학자들처럼 연구하고 책을 읽기 시작했다는 것이다. 다빈치는 그중 대표적인 인물이다. 의학서적을 읽고 직접 인체를 해부하며, 기하학 책을 읽으며 기계장치를 설계했다. 심지어 정확한 그림을 그리기 위해 광학까지 공부했다. 그 결과물들이 다빈치의 <최후의 만찬>이나 <모나리자> 같은 작품들이다. 르네상스의 위대한 예술작품들은 장인들이 학문을 하며 만들어졌다. 반대의 경우도 나타났다. 책만 읽던 학자들이 이제 장인들처럼 자신의 손으로 도구를 만들고 실험을 하며 그림을 그리기 시작한 것이다. 그 대표적 인물이 뒤에서 살펴볼 갈릴레오와 뉴턴이다. 다시 말해 우리가 아는 과학자의 모습은 르네상스 시절 장인적 전통과 학자적 전통이 융합되며 나타난 것이라 할 수 있다. 다빈치의 활동과 코페르니쿠스의 활동은 모두 그런 15세기 말 상황의 결과물이었다. 과학혁명은 이런 시대 분위기 속에서 시작되었던 것이다.

**레오나르도 다빈치의 그림 〈최후의 만찬〉과 미켈란젤로의 조각 〈피에타〉**   코페르니쿠스는 다빈치와 미켈란젤로가 활동하던 르네상스의 절정기에 그 중심지인 이탈리아에 유학했다.

# 2장

## 티코와 케플러, 타원의 충격

# 1

# 티코 브라헤

## 덴마크의 귀족

티코 브라헤(Tycho Brahe, 1546~1601)는 1546년 덴마크의 유서 깊은 귀족가문에서 태어났다. 16세기 덴마크는 북유럽의 강국으로 지금의 스웨덴 남부지역과 독일 북부의 상당한 지역이 덴마크의 영토였다. 당대의 유명한 희곡『햄릿』에서도 햄릿이 덴마크의 왕자로 설정되어 있을 정도였다. 티코는 그런 자신의 신분에 걸맞는 최고의 교육을 받으며 성장했다. 당연히 티코는 봉건영

**티코 브라헤** 티코의 초상화를 보면 특이한 그의 코 이미지가 잘 나타나 있다. 스무 살 때 결투로 티코는 코가 잘려 나갔고 평생 인공 코를 붙이고 다녀야 했다.

**16세기 덴마크 지도** 티코는 16세기 덴마크의 고위 귀족으로 태어나 벤 섬에서 당대 최고 정밀도의 천문관측을 했다.

주의 삶을 살아갈 확률이 높았다.

하지만 티코는 15세 무렵 월식을 관찰하면서 천문학에 흠뻑 빠져버렸다. 이후 천문학자가 되기로 마음먹은 티코는 여러 대학도시들을 여행하며 천문학 공부를 했다. 그리고 자신이 감독할 수 있는 천문관측 연구소 운영을 꿈꾸며 청년기를 살아갔다. 티코의 생애에는 빠짐없이 등장하는 이야기가 하나 있다. 1566년 스무 살 때 티코는 친척과 다투다가 결투를 벌였다. 그리고 이때 코의 일부가 잘려나갔다. 이후 티코는 피부색과 최대한 비슷한 효과를 낸 금과 은, 금속을 섞은 합금 코를 붙이고 다녔다. 모든 초상화에서 티코의 특이한 코

**초신성**　　우리는 초신성이 별의 죽음이라는 것을 알고 있다. 하지만 옛사람들은 이것이 별의 폭발임을 몰랐기 때문에 새로운 별이 나타난 것으로 보아 신성(新星)이라고 불렀다.

모양은 바로 표시가 난다. 티코의 성격이 얼마나 다혈질이었는지 알 수 있다.

　티코가 20대 후반이던 1572년 초신성이 나타났는데 티코에게는 행운이었다. 왜냐하면 맨눈으로 관측 가능한 초신성은 지난 천 년 간 세 번밖에 없었기 때문이다. 천문학자로서 티코는 이 기회를 잘 활용했다. 아리스토텔레스의 우주론에 의하면 천상세계는 그 어떤 존재도 새로 태어나거나 없어질 수 없는 영원불변한 세계다. 초신성은 그래서 이해하기 힘든 천문현상이었고 사람들은 환상이거나 불길한 현상이라고만 여겨 무시하려고 했다.

　그러나 티코는 이 별이 나타나 사라질 때까지 485일 동안이나 계속 관찰했고 그 기록을 정리해 『신성에 관하여』라는 책을 출간했다. 이 책에서 티코는 자신의 관찰자료들을 토대로 신성은 매우 먼 곳에 나타난 '별'임을 분명히 했다. 이것은 우주가 영원불변하다는 아리스토텔레스 우주관에 분명한 문제가 있음을 암시하고 있었다. 아리스토텔레스의 우주론에도 분명 중요한 의문을 제시하는 데 성공한 티코는 이로 인해 천문학자로서 명성을 얻기 시작했다.

## 벤 섬의 영주

유럽 천문학계에 이름을 알린 티코는 천문연구에 좀 더 많은 지원을 얻을 수 있는 곳을 찾아 덴마크를 떠나려고 했다. 티코는 이민 갈 생각을 굳히고 재산을 정리하기 시작했다. 하지만 이 소문을 들은 덴마크 국왕 프레데릭 2세가 티코를 만류했다. 티코를 외국에 빼앗기고 싶지 않았던 국왕은 코펜하겐 앞바다의 작은 섬이었던 벤(Hven) 섬을 티코에게 영지로 하사했다. 티코는 고립된 섬에서 그 누구의 눈치도 보지 않고 마음껏 천문관측을 할 수 있을 듯해서 이 제의를 받아들였다. 그래서 역사상 손꼽히는 천문대의 이야기가 생겨나게 되었다.

1576년 티코 브라헤는 서른 살의 나이에 벤 섬의 영주가 되었다. 그리고 티코는 이 섬에 자신이 꿈꿔왔던 천문관측소를 만들었다. 영주의 거주용 저택이자 천문관측소 역할을 하는 이 성의 이름은 '우라

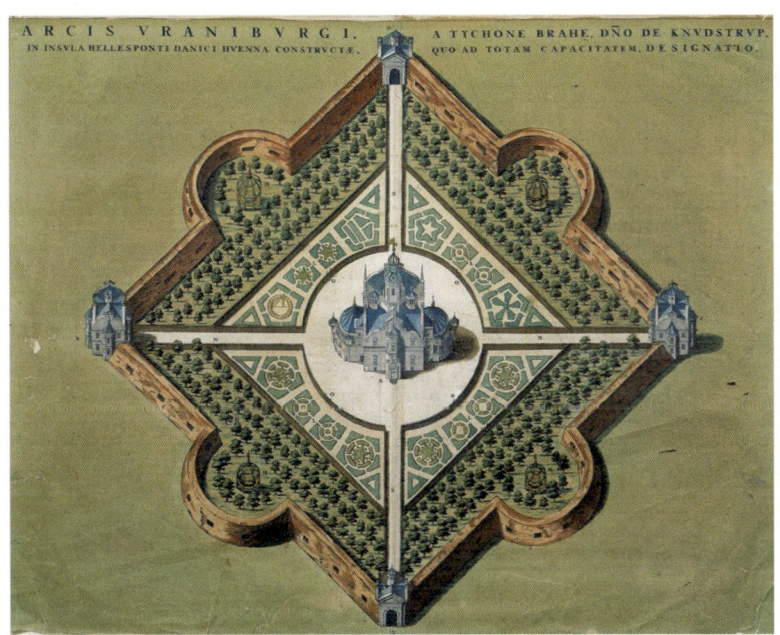

**우라니보르그 천문대** '하늘의 성'이라는 의미의 벤 섬의 이 천문대는 16세기 유럽에서 가장 정밀한 관측이 가능한 천문대였다. 이 아름다운 건물은 벤 섬 주민들을 강제동원해서 만들어졌다.

니보르그'라고 지었다. 하늘의 성이라는 의미였다. 연금술 실험실이 있는 지하, 조수들이 계산하고 회의하는 작업실이 있는 1층, 천문기기들이 설치된 2층으로 구성된 건물이었다. 3,000권이 넘는 책이 있었고, 정밀 관측이 가능한 비싼 관측기구들이 건물에 꽉 차 있었다. 거기다 장비 제작, 실험, 수리가 가능해서 오늘날의 종합연구소의 모습을 모두 갖추고 있었다. 몇 년간의 공사 끝에 완공된 우라니보르그는 엄청난 업적이었다. 그래서 고위귀족이던 티코만이 가능했던 천문학 연구가 시작될 수 있었다. 한 마디로 티코 브라헤는 벤 섬에서 16세기 세계 최고의 정밀 관측 천문학을 가능하게 만들었던 것이다.

**혜성**　혜성은 천상세계가 영원불변하고 원운동한다는 아리스토텔레스의 우주론에 맞지 않는 천체다. 그래서 아리스토텔레스는 혜성을 지상세계인 대기 중에서 일어나는 현상이라고 설명했다.

　　하지만 이 과정은 그리 아름답지 못한 뒷이야기를 남겼다. 티코는 자기 영지인 벤 섬의 사람들을 강제동원해서 이 공사를 진행했다. 물론 당시 영주들은 영지 백성들을 주2일 무급노동을 시킬 권한이 있었기 때문에 불법적인 일은 아니었다. 하지만 갑자기 왕이 임명해서 나타난 새 영주에 대한 섬 주민들의 불만은 커졌다. 고된 노동으로 섬을 탈출하는 사람도 생겨났고 벤 섬 주민들은 국왕에게 수시로 탄원했다. 오죽했으면 현대에도 벤 섬에는 코가 금으로 된 괴팍한 마법사 영주의 전설이 내려온다고 한다. 벤 섬은 전 유럽 최고의 천문대가 만들어지는 한편, 불만에 찬 주민들로 채워지게 된 셈이었다. 티코의 중요한 업적들은 이런 과정들 속에 이루어졌음도 기억해야 할 것이다.

　　어쨌든 티코는 섬 주민들과 한창 충돌 중이던 1577년에서 1578

년 사이에도 혜성에 대한 주목할 만한 관찰 결과를 내놓았다. 혜성은 갑자기 나타나 시간이 지나면 사라진다. 심지어 구형이 아니라 꼬리가 달려 있다. 이 기이한 천문현상은 고대부터 불안의 징조였다. 아리스토텔레스의 우주론에 의하면 천상세계는 영원불변하고 모두 아름다운 등속원운동의 세계였다. 그렇다면 아리스토텔레스는 혜성이라는 변칙사례를 어떻게 설명했을까? 간단하다. 혜성은 천문현상이 아니라 대기현상일 뿐이라고 설명했던 것이다. 오랜 시간 아리스토텔레스의 이 설명은 별다른 문제없이 받아들여졌다. 그런데 티코는 몇 주간의 정밀한 관찰 끝에 혜성이 달보다 멀리 있음을 확인했다. 신성 발견에 이어 우주가 아리스토텔레스의 원칙을 따르지 않고 있다는 또 하나의 증거가 축적되었던 것이다. 티코는 이렇게 쉼 없이 자신의 업적을 쌓아갔다.

그럼 이렇게 진행된 티코의 관측들은 어느 정도 정확한 것이었을까? 16세기 유럽천문학자들의 관측 오차는 평균 8각분 정도로 알려져 있다. 티코는 평균 4각분 이하의 오차로 관측했고 때에 따라서는 몇 각초 단위의 정확도를 얻어내기도 했다.[3] 그래서 관측천문학자로서 천문관측기술의 혁신을 그의 최대 업적으로 꼽는 경우도 많다. 하지만 그의 여러 연구 중에서 가장 독특한 것은 그가 제시했던 우주론이다.

---

3  각분은 각도 측정에서 사용하는 단위로 1/60도가 1각분이고, 1/60분이 1각초에 해당한다.

# 2

# 절충적 우주론, 티코 시스템

티코는 코페르니쿠스가 죽은 지 3년 후에 태어났다. 그래서 티코가 한참 활동하던 시기는 지동설이 나온 후 30년 이상 지난 시점이었다. 천문학자들은 천동설과 지동설 모두를 잘 알고 있었다. 그리고 이 두 가지 이론은 큰 무리 없이 천문학에서 함께 잘 사용되고 있었다. 이 상황이 얼핏 의아하게 느껴질 수도 있다. 하지만 대부분의 천문학자들은 무엇이 진실인지 별로 관심이 없었다. 천문학자들은 때에 따라 편리하게 두 체제를 모두 사용하며 설명하고 있었다. 당대 천문학자들 대부분은 진실은 천동설이 맞겠지만 계산하기 쉬우니 실용적으로는 지동설을 사용하면 된다고 보았다. 티코는 이런 상황이 무책임하다고 보았다. 진실은 하나뿐일 것이니 자기 스스로 그 답을 찾아보기로 마음먹었다.

천동설은 물리학적 설명 면에서 타당해 보이지만 수학적으로 너무 복잡했다. 지동설은 물리적으로 많은 문제가 있었지만 분명히 매력이 있었다. 수학적으로 쉽고, 신뢰성 높은 예측을 제공할 수 있는 것이다. 하지만, 지동설이 맞으려면 우주의 크기는 엄청나게 커야 했다. 앞에서 살펴본 것처럼 그래야만 연주시차가 발견되지 않는 이유를 설명할 수 있기 때문이었다. 두 가지 이론이 가진 문제점을 동시에 해결하면서 장점들을 그대로 취할 수 있는 방법은 없을까?

생각을 거듭하던 티코는 한 가지 아이디어를 떠올렸고 10년 가까운 연구와 개량을 거쳐 결국 티코 시스템으로 불리는 새로운 우주론을 만들어냈다. 1584년 완성된 티코 시스템은 한 문장으로 표현가능하다. '우주의 중심에는 지구가 있고, 태양과 달과 항성 천구는 지구를 중심으로 공전하지만 5개의 행성들은 태양을 중심으로 공전한다.'는 것이다. 지구가 우주의 중심에 있으니 다시 천동설로 돌아간 셈이다. 하지만 다섯 행성이 태양 주위를 돌고 있으니 이 부분은 지동설의 설명을 따른 것이다. 한 마디로 티코 시스템은 천동설과 지동설의 기묘한 융합이었다. 우리들에게 티코 시스템은 우스꽝스럽기까지 하다. 어떤 이유로 티코는 이런 이상한 우주론을 제시했던 것일까?

하지만 당시 시점에서 보면 티코의 설명은 천동설과 지동설의 장점을 모두 살린 이상적인 우주론일 수도 있었다. 가장 중요한 장점은 여전히 지구가 우주의 중심에 위치하게 되므로 아리스토텔레스 역학 체계와 어떤 모순도 일으키지 않는다는 것이다. 흙으로 구성된 지구가 자연스럽게 우주의 중심에 위치하므로 코페르니쿠스 지동설에 대해 제기되었던 모든 문제점들은 사라진다. 또 연주시차 문제가 사라지게 되므로 우주의 크기는 합리적 수준으로 줄어들 수 있었다. 티코로서는 자신의 정밀관측에도 불구하고 연주시차가 발견되지 않았으므로 이 부분에 대해서만큼은 확신이 있었다. 즉 기존 천동설의 장점은 모두 유지할 수 있다. 그러면서도 다섯 행성은 태양 주위를 돌게 만들었으므로 주전원은 코페르니쿠스 체계만큼 줄어들게 된다. 수학적 단순성에서 코페르니쿠스 이론이 가지는 장점을 그대로 유지시킨 것이다. 수성과 금성이 태양 주위를 돌고 있으니 두 행성이 태양 주위에서만 관측되는 상황에 대한 설명도 잘 성립한다. 티코 시스템은 지구가 움직이지 않는다는 점만 제외하면 코페르니쿠스 체계와 수학적으로 동등했다. 천동설과 지동설 이론의 장점은 모두 취하면서 두 이론의 단점은 모두 상쇄시킨 셈이었다.

티코의 이 우주론은 잠깐 사용되다가 곧 사라져버렸다. 그리고 오늘날 관점에서 분명히 틀린 이론이다. 그래서 여러 과학사 서적들에서도 많이 다뤄지지 않는다. 하지만 당시 천동설과 지동설 논쟁 과정의 본질을 이해하는 데 훨씬 유용한 자료다. 티코가 제시했던 우주론은 우리에게 많은 시사점을 준다. 당시 상황에서 보면 티코 시스템은 코페르니쿠스 체계보다 훨씬 합리적이다. 시대의 물리법칙을 만

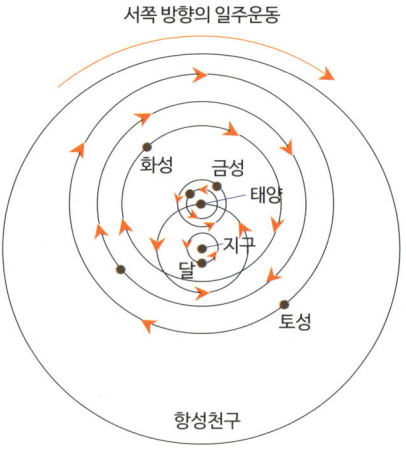

서쪽 방향의 일주운동

화성　금성　태양

지구

달

토성

항성천구

**티코 시스템**　티코가 제시한 우주는 지구를 제외한 모든 행성은 태양 주위를 도는 반면, 태양은 우주의 중심에 정지해 있는 지구 주위를 도는 절충적인 체계였다. 시대 상황으로 보아 합리적인 가설이었지만 수학적으로는 결코 아름답지는 않다.

족하면서 수학적 단순성을 확보한 것이다. 여기서 과학혁명과 지동설 발전 과정을 합리적 선택 과정으로만 보려는 시각의 문제점을 분명히 알 수 있다. 당시 상황으로는 지동설을 버리는 것이 합리적 선택이었다. 티코의 천동설은 퇴보나 뒷걸음질로 볼 수 있는 것이 아니다. 실제 던져져야 할 질문은 당시 사람들이 왜 천동설을 고집했느냐가 아니라 누군가는 왜 지동설을 계속 고수했는지에 관한 것이다. 왜 케플러나 갈릴레오 같은 학자들은 이런 티코 시스템을 부정하고 계속해서 지동설을 주장해 나갔을까? 가장 유력한 이유는 티코 시스템이 아름답지 않았다는 데 있다. 티코 시스템은 비대칭적이다. 그래서 기하학적으로 아름답지 않아 보인다. 좀 더 단순하고 대칭적인 아름다운 우주론을 원했던 학자들이 지동설에 대한 연구를 지속했다. 지동설은 많은 부분 수학적 아름다움의 갈망에 의해 발전해갔던 것이다. 우리는 이 사례를 통해 천동설에서 지동설로 옮겨가는 과정이 얼마나 어려운지 알 수 있고, 천동설을 주장한 사람들이 비합리적인 고집을 부렸던 것이 아니라는 사실 또한 느껴볼 수 있다.

# 3

# 요하네스 케플러

요하네스 케플러(Johannes Kepler, 1571~1630)는 신성로마제국 뷔르템베르크 공작령에 속하는 바일 주에서 태어나 자랐다. 지금으로 보면 독일 슈투트가르트 근처의 소도시였다. 하지만 당시에는 독일이라는 나라가 없었고 독일지역은 수백 개의 자유도시나 제후령의 소국들로 나뉘어 있었던 때다.

## 불우했던 신비주의자

케플러의 어린 시절은 가난하고 불우했다. 아버지는 용병이었는데 폭력적이었다고 전해지며 케플러가 10대 때 집을 떠난 이후에는 돌아오지 않았다. 몇몇 형제들은 어려서 죽었다. 또 케플러는 다

**케플러 시절 독일지역을 포함한 중앙유럽지도**　독일은 케플러가 태어난 지 300년이 지나야 통일된다. 그 당시의 정확한 국경지도는 전문적인 역사가들도 제시하기 힘들 정도로 복잡하다. 현대를 살아가는 우리 입장에서는 케플러가 북부독일 신교도 지역에서 태어난 정도를 기억하면 충분할 것이다.

섯 살 무렵 천연두를 앓았다. 다행히 죽지 않고 완쾌되었지만 얼굴에는 천연두로 인한 곰보자국이 생겼고, 병치레로 인해서인지 평생 체격도 왜소했다. 더구나 치명적이게도 시력이 크게 나빠졌다. 천문학자는 고사하고 정상적으로 성인으로 성장하기도 힘든 가정환경이었다. 하지만 케플러의 사회적 환경은 달랐다.

바일 주의 군주인 뷔르템베르크 공작은 독실한 루터교 신자였다. 공작은 재능 있는 젊은이들을 훌륭한 신교도 인재로 키워내고 싶었다. 그래서 신민들에게 체계적이고 훌륭한 초등교육을 제공했다.

케플러는 초등교육 때 바로 교육자들의 눈에 띌 정도로 총명했다. 그래서 고등교육도 무상으로 교육받을 수 있었다. 이후 튀빙겐 대학을 다녔는데 수학 및 천문학 교수였던 매스틀린(Michael Mastlin)에게 교육받으며 천문학과 수학에 빠져들었다. 마침 스승 매스틀린은 코페르니쿠스 지동설을 신봉하는 극소수 천문학자 중 하나였다. 그래서인지 케플러는 대학시절부터 이미 공식적으로 코페르니쿠스 지동설을 지지했다.

**케플러 3법칙으로 유명한 케플러** 그는 행성들이 원궤도가 아니라 타원궤도로 운동한다는 것을 알아냈다.

스무 살에 석사학위를 받은 케플러는 그라츠 대학의 천문학 및 수학교수가 되었다. 케플러는 이 시기 많은 과감한 예측들을 시도하고 폐기하기를 여러 번 반복했다. 그때마다 억지스러울 정도의 수학적 비례나 대칭구조를 가정했다. 그의 다양한 가설들은 중세적 신비주의의 느낌이 많이 남아 있었다. 하지만 자연의 궁극 원리가 인간에 의해 이해가능하다는 신념은 분명히 현대과학자들의 신념과 일치하고 있었다. 케플러가 보기에 우리는 신의 형상대로 창조된 인간이기에 노력하면 신의 창조논리를 이해할 수 있으며 또한 그것은 신앙인의 마땅한 의무였다. 케플러의 신앙심과 그의 천문학적 열정은 직접적으로 연결되어 있었다. 이런 태도는 과학혁명기 내내 주요 학자들의 기본 입장이기도 했다. 26세에 케플러는 『우주의 신비』(1596)라는 책을 집필하며 천문학자들 사이에 이름이 알려졌다. 그러면서 자신의 운명을 바꿀 인물과 만나게 되었다. 바로 티코 브라헤였다.

## 프라하의 만남

케플러가 책을 출간할 즈음 벤 섬에서 관측을 계속하던 티코 브라헤는 큰 결정을 내렸다. 자신을 아껴주던 왕 프레데릭 2세가 죽은 것이 티코 브라헤가 새로운 선택을 하게 된 가장 중요한 이유였다. 티코를 싫어하는 새로운 덴마크 국왕 크리스티안 4세는 집권 뒤 티코에게 벤 섬의 영지를 영구히 하사하려 했던 선왕의 계획을 취소시켰다. 거기다 티코는 벤 섬 주민들에 대한 착취 혐의로 여러 조사를 받았다. 그래서 지친 티코는 덴마크를 떠나기로 마음먹었던 것이다. 1597년 티코는 21년간 살았던 벤 섬을 떠났다. 1582년부터 15년 동안 유럽 최고의 천문관측소였던 곳은 이렇게 사라졌다.

티코는 신성로마제국 황제 루돌프 2세의 후원 약속을 받아내는데 성공해서 1599년에 가족들과 프라하에 정착했다. 하지만 티코는 예상 못한 장벽을 만났다. 덴마크에서는 국왕의 약속이 대부분 그대로 진행되었지만 이곳에서는 황제가 약속해도 의회에서 통과되지 않거나 재정적으로 불가능한 일일 수 있다는 것을 티코는 알지 못했다. 신성로마제국 황제는 충분한 돈이 없었다. 그래서 천문대 공사비는 물론이고 티코 자신의 연금지불조차 수시로 지연되었다. 티코는 이후 다시는 벤 섬과 같은 천문관측을 하지 못했다.

불안해진 티코는 자신이 이미 가지고 있는 유럽 최고의 관측 데이터만이라도 새롭게 정리해서 티코 시스템을 증명하고 싶었다. 이때 티코는 케플러의 책을 읽었고 바로 재능을 알아보았다. 티코는 케플러를 초청했다. 젊고 수학적 재능이 있는 천문학자를 원하던 티코에게 케플러는 조수로 안성맞춤이었다. 한편 케플러는 『우주의 신비』 출간 후 여러 아이디어는 계속 제안할 수는 있었지만 관찰하고 검증할 천문학 장비와 자금이 없었다. 그런데 그 모든 것을 가지고 있는 사람의 초청을 받은 것이다. 이렇게 서로를 필요로 했던 두 사람은 1600년에 만났다.

하지만 두 사람의 희망과는 달리 막상 협동연구는 순조롭지 못했다. 이유는 여러 가지가 있었다. 먼저 케플러는 코페르니쿠스 이론 지지자인데 티코는 자신의 티코 시스템 증명에 그의 재능을 필요로 했다는 점이다. 티코는 케플러를 아끼면서도 의심할 수밖에 없었다. 그래서 티코는 케플러에게 관측자료를 감질날 정도로 조금씩 넘겨주었다. 티코로서는 자신의 지적 재산은 벤 섬의 관측자료뿐인데 케플러가 지동설의 증명에 이를 활용할지도 모를 일이었다. 또 황제의 경제 지원이 불규칙해서 케플러에게 시간에 맞춰 월급을 주기도 힘들었다. 서로가 서로에게 지쳐갔고 케플러는 몇 번이나 떠나려고 했다.

하지만 케플러의 여러 상황은 다른 곳으로 옮겨갈 수 없게 몰려갔고, 티코도 조수를 더 고용하려고 했지만 여간해서 구할 수 없었다. 결국 1년여의 갈등의 시간이 지나고 1601년 가을에 티코는 결단을 내렸다. 지동설에 심취한 케플러가 자신의 우주론을 옹호할 것이라는 보장이 없었지만 그렇다고 무작정 시간을 보낼 수는 없었다. 자료를 분석하려면 케플러를 믿고 자료를 넘겨야 했다. 티코는 자신의 가장 소중한 관측자료에 대한 접근을 케플러에게 허용했다. 그리고 티코는 그로부터 한 달도 지나지 않아 갑작스럽게 사망했다. 고관의 연회에 초청된 티코는 연회장소에서 많은 음료수를 마셨다. 그 당시 예법은 지위 높은 인물이 주최한 연회에서 함부로 화장실을 가서는 안됐다. 오래 소변을 참던 티코는 방광기능에 이상이 생겼고 그날부터 며칠간을 고열에 시달리다 죽었다. 참으로 어이없는 죽음이었다. 그리고 어쩌면 운명적인 사건이었다. 이제 케플러는 마음껏 티코의 자료를 분석할 수 있었다. 케플러는 티코의 걱정대로 티코의 자료를 활용해서 지동설의 승리를 앞당겼다.

청소년을 위한 과학혁명

# 4
# 케플러 3법칙

## 제1법칙, 타원궤도의 법칙

티코의 관측자료를 분석해서 케플러가 도달한 결론은 케플러의 3
법칙이라는 이름으로 알려져 있다. 하지만 케플러의 이 업적들은 티
코의 자료를 통해 손쉽게 손에 넣을 수 있는 행운은 아니었다. 티코의
관측자료를 손에 넣고 20년이 지나서야 케플러 법칙들은 완성될 수
있었다. 티코가 죽고 케플러는 티코의 직위 일부를 물려받았다. 하지
만 급여는 여전히 몇 달씩 연체되기를 반복했다. 경제적으로 어려운
와중에도 케플러는 몇 년간 치열하게 티코의 자료에 몰두하며 행성
궤도를 분석했다. 그리고 마침내 1604년 중요한 결론을 내릴 수 있었
다. 화성의 공전궤도가 원형이 아니라 타원형이라는 것이었다.

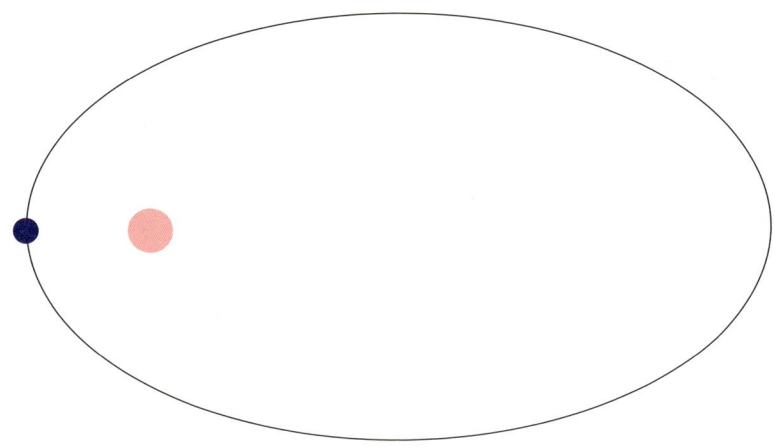

**케플러 제1법칙** 행성들은 태양을 한 초점으로 하는 타원궤도를 가진다. 행성궤도가 '찌그러진' 타원이라는 것은 큰 충격이었고 당시 많은 이들은 이 사실을 믿지 않았다.

 이것은 티코의 정밀관측자료가 당시 일반적 관측치보다 3배 이상 정확했기 때문에 가능한 업적이었다. 오차문제로 돌리기에는 티코의 자료가 너무 정확했고 케플러는 수없이 반복 검증한 끝에 관측자료의 정확도에 비추어 화성궤도가 원궤도가 아님을 파악할 수 있었다. 이것을 케플러 제1법칙 혹은 타원궤도의 법칙이라 부른다. 그 결과 충격적인 수학적 단순성이 얻어졌다. 주전원이 모두 사라져버렸다. 이유는 간단하다. 케플러가 얻어낸 이 타원궤도가 오늘날 우리가 알고 있는 궤도의 실제 형태였다. 그러니 처음부터 존재하지 않았던 주전원이 없어진 것이다. 주전원을 없애는 데 2,000년 가까운 시간이 걸렸고 케플러가 그 일을 해낸 것이다. 태양계의 모습은 이제 태양을 중심으로 하는 여섯 행성이 타원을 그리는 이미지면 충분했다. 이 업적만으로도 엄청난 것이었지만 케플러는 더 나아갔다.

## 제2법칙, 면적속도 일정의 법칙

행성궤도가 원이 아니라는 결론은 아리스토텔레스의 우주론에 치명적이었다. 천상세계의 등속 원운동이라는 이상이 무너진 것이다. 하지만 이 결론은 케플러조차도 마음에 들지 않았다. 왜 행성의 궤도는 더 아름답고 완벽해 보이는 원이 아니라 타원인 것일까? 독실한 신앙인이었던 케플러는 신이 타원 궤도로 우주를 창조했다면 반드시 그 이유가 있을 것이라 보았다. 신의 수학적 조화를 확신한 케플러는 다시 행성궤도를 면밀히 검토했다. 그 결과 케플러는 또 하

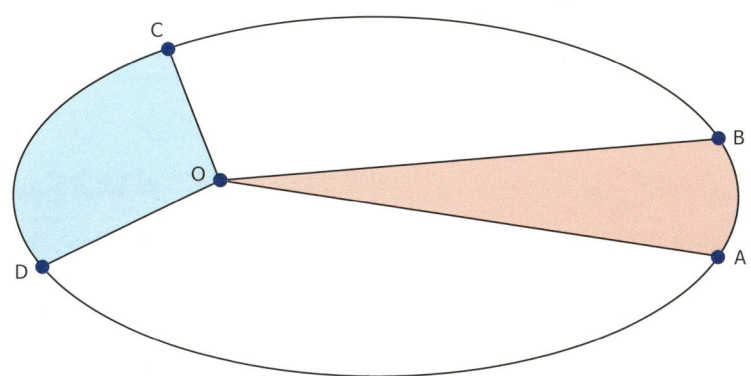

**케플러 제2법칙-면적 속도 일정의 법칙**　태양에서 각 행성까지 그은 직선은 같은 시간 동안 같은 면적을 가로지른다. 그림에서 행성이 A에서 B로 이동한 시간과 C에서 D로 이동한 시간이 같으면 부채꼴 AOB와 COD가 만드는 부채꼴의 면적은 항상 같다.

나의 놀라운 발견을 해냈다. 행성들의 공전속도는 계속해서 바뀌었는데 태양에 가까이 접근하면 빨라졌고 멀어지면 느려졌다. 분명 행성의 공전속도는 태양과의 거리에 반비례했다. 케플러는 이 생각을 계속 진행시켰다. 그 결과 행성의 가속과 감속과정에 숨어 있는 놀라운 수학적 규칙성을 찾아냈다. 그 규칙을 짧게 표현하면 행성과 태양을 연결시킨 직선은 같은 시간 동안 같은 면적을 휩쓸고 지나간다는 것이다. 이것이 '면적속도 일정의 법칙' 또는 '케플러 제2법칙'이다. 여섯 행성 모두가 이 규칙에 따라 정확하게 움직이고 있었다. 이번에도 티코의 자료와 케플러의 신앙과 노력이 한데 어우러져 이루어낸 결과였다. 케플러는 이 두 가지 법칙을 1609년 출판한 책『신천문학』에서 발표했다. 케플러는 유럽 전역에서 주목받는 일급학자가 되었다.

## 제3법칙, 조화의 법칙

케플러의 마지막 법칙은 1,2법칙 발표로부터 10년의 시간이 지난 이후에 나왔다. 1619년 출간된『우주의 조화』에는 케플러가 '조화의 법칙'이라 이름붙인 케플러 제3법칙이 기술되어 있다. 단순화하면 '태양과 행성 사이의 거리의 세제곱은 행성 주기의 제곱과 비례한다.'는 법칙의 발견이었다.[4] 이 법칙의 발견으로 행성까지의 거리만

---

**4** 정확하게는 '행성의 타원궤도의 장축 반지름의 세제곱은 행성 주기의 제곱에 비례한다'이다.

|  | 주기$^2$ | 장축$^3$ |
| --- | --- | --- |
| 수성 | 0.06 | 0.06 |
| 금성 | 0.37 | 0.37 |
| 지구 | 1.00 | 1.00 |
| 화성 | 3.53 | 3.51 |

**케플러 제3법칙-조화의 법칙**  행성의 타원궤도의 장축 반지름의 세제곱은 행성 주기의 제곱에 비례한다는 케플러 제3법칙은 여섯 행성 모두에 정확히 적용된다.

알면 자동적으로 행성의 주기는 구해지게 됐다. 역시 태양계 모든 행성들이 이 원칙에 예외 없이 정확히 움직이고 있었다.

50세를 바라보는 나이에 이루어낸 이 발견은 놀라운 것이었다. 세제곱과 제곱의 비례관계였고, 천체의 여러 가지 특징 중 거리와 주기의 관계성에 대한 것이었다. 우연히 발견될 수 없는 것이었다. 케플러 제3법칙은 우주 구조 속에 신이 만든 수학적 조화성이 있을 것이라는 강력한 확신을 가진 사람만이 찾을 수 있는 것이다. 그리고 쉼 없이 그 신념을 증명하기 위해 오랜 기간 노력한 사람만이 도달할 수 있는 업적이었다.

무엇보다 신비한 것은 티코와 케플러의 만남 자체일 것이다. 케플러는 자신의 신분, 경제력, 낮은 시력으로 인해 결코 자신이 원하는 관측자료를 만들 수 없었다. 티코의 관측 데이터를 얻었기에 케플러의 업적은 이루어질 수 있었다. 더구나 그것은 티코가 바라지 않았던 지동설의 증명에 사용되었다. 케플러는 티코의 자료를 얻고도 세 가지 법칙을 찾아내는 데 20년이 필요했다. 케플러 법칙은 티코와 케플러라는 전혀 달라 보이는 두 사람의 기묘한 조화가 만들어낸 작품이었고 신의 창조과정이 수학적이었음을 분명히 보여주는 증거였다. 케플러가 찾은 법칙 자체도 중요했지만 더 중요한 것은 그의 방법론이 이후 과학자들이 끝없이 자연 속 수학적 체계를 찾게 만드는 데도 큰 역할을 했다는 점일 것이다.

# 케플러의 인생, 고난 속에 핀 불멸의 업적

분명히 케플러는 행운아로 보일 수 있다. 서른 살 무렵 얻은 전 유럽에서 가장 정밀한 티코의 관측자료가 있었기에 그가 위대한 업적을 남긴 것은 사실이다. 하지만 그 업적은 케플러였기에 가능했던 것도 분명하다. 타원궤도를 발견하는 과정은 아무 천문학자나 가능한 것이 결코 아니었다. 케플러처럼 지동설을 분명히 믿고 있어야 하고, 세심한 통찰력을 갖추었으며, 자신의 확신조차 의심할 수 있는 사람만이 얻어낼 수 있는 결론이었다.

타원궤도의 발견은 천문학 역사상 최고의 가치를 가진 발견에 해당하지만 막상 이 발견은 케플러에게 기쁨보다는 탄식을 주었다. 사실 타원궤도의 발견은 발견이라기보다 포기의 결과였다. 몇 년에 걸쳐 케플러는 원궤도로 티코의 자료를 분석하고자 노력했지만 마침내 아니라는 결론을 내린 것이었다. 신이 만든 이 우주가 완벽하고 고귀해 보이는 원이 아니라 찌그러진 타원궤도라는 것을 케플러가 받아들이는 것은 괴로운 일이었다. 더구나 행성의 공전은 부등속으로 제멋대로 속도가 변화하는 듯했다. 불완전한 느낌의 부등속 타원운동은 당시 지식인들에게 이질적인 것이었다. 케플러만 그랬던 것이 아니다. 당대의 지성들인 갈릴레오와 데카르트도 끝끝내 케플러의 타원궤도를 받아들이지 않았다. 그럼에도 케플러는 이전까지 자신의 확신이 틀렸음을 최종적으로는 분명히 받아들였다. 그 것이 케플러의 위대한 점이다.

그리고 그의 노력과 근성의 정도도 상상을 초월하는 것이었다. 티코의 자료를 얻고 책을 출판하기까지 8년이 걸렸다. 그 사이 케플러의 난관을 짐작해볼 만한 기록들이 남아 있다. 케플러의 행성궤도 계산 기록은 작은 글씨로 수없는 종이를 빽빽하게 채웠다. 전자계산기도 없었고, 미적분학 같은 현대적 수학은 고안되기 전이었기 때문에 엄청나게 많은 단순한 계 산이 필요한 작업이었다. 제2법칙에 등장하는 타원부채꼴의 정확한 면적 은 적분을 사용해야 구할 수 있는데 적분학은 70년 이상 이후에 만들어진 다. 그래서 케플러는 타원부채꼴을 무수히 작은 삼각형으로 나누어 그 합 을 계산하는 전통적 방법을 사용했다. 끔찍하게 지루한 방법이었다. 사실 『신천문학』 내용 자체가 지루할 수밖에 없는 수학이었다. 케플러 자신도 그 사실을 잘 알았다. 케플러는 '이 지루한 과정이 신물 난다면, 그런 과정 을 수없이 반복한 나를 가엾게 여겨달라.'고 써놓았다. 난해한 증명과정으 로 인해 많은 이들은 이 내용을 무시했다.

이후 케플러의 제3법칙이 만들어지는 10년의 과정 동안 케플러의 개 인사는 비극의 연속이었다. 오래전 첫째와 둘째 자녀를 잃은 데 이어 1611 년에 세 자녀가 천연두에 걸렸다. 아끼던 넷째 아들이 결국 죽었다. 심지 어 아내 역시 얼마 뒤 열병에 걸려 죽었다. 케플러는 절망감 속에서 10여 년간 살아온 프라하를 떠났다. 마흔을 넘긴 나이였다. 린츠에 자리 잡고 어린 두 아이를 위해 1613년 재혼했다. 바쁜 와중에도 케플러는 이 시기에 천문학에 대한 연구 외에도 다양한 연구를 수행했다. 먼저 포도주 통 부피 계산에 대한 연구를 통해 적분학의 기초를 쌓았다. 그리고 빛의 굴절률에 대한 연구, 눈송이 육각형 구조에 대한 연구, 심지어 신학 연구도 함께 진행했다. 케플러의 저서 『굴절광학』은 17세기 광학연구의 토대가 된 작품이기도 했다. 다양한 분야를 아우르며 포괄적 관심을 갖는 르네상스적 전통은 케플러에 이르기까지 잘 이어지고 있었다.

케플러의 인생은 언제나 바빴다. 어느 정도 자리를 잡을 무렵인 1615년에 이번에는 어머니 카타리나가 마법을 사용한 죄목으로 고소되었다. 이 재판은 지루하게 오랜 시간 이어졌다. 1617년에는 둘째 부인에게 얻은 첫째 아이가 두 살로 죽었다. 1618년에는 둘째 아기도 사망했다. 그 사이에 친자식은 아니었지만 케플러를 잘 따랐던 첫째 부인이 데려왔던 의붓딸이 죽었다. 불과 반년 사이에 딸 셋을 또 잃었다. 동시에 그 해에는 독일 전역을 비극으로 몰아넣을 30년 전쟁이 시작되었다. 이 전쟁은 케플러가 죽을 때까지 끝나지 않았다. 1619년 제3법칙이 들어 있는 『우주의 조화』는 그런 고통 속에서 집필되고 출간되었다. 케플러는 그때의 심리가 녹아 있는 기록을 남겼다.

"이 책이 현재를 위한 것이든 후세를 위한 것이든 중요하지 않다."

그는 어떤 일을 당하더라도 묵묵히 자신의 사명이라 믿는 일들을 진행해갔다. 어머니의 재판은 1621년까지 지루하게 계속됐는데 칠순 노모는 사슬에 묶여 투옥 당하고 고문의 위협을 받았다. 어머니는 1621년 가을에 간신히 풀려났지만 투옥 후유증으로 곧 세상을 떠났다.

아홉 자녀를 두었는데 다섯 자녀를 잃었고 네 명을 간신히 성인으로 키워냈다. 고통의 절정에 있을 시기에 출간된 『우주의 조화』에 후기로 쓰인 기도문에는 다음과 같은 글이 실려 있다.

"…당신은 내가 당신의 작품들을 즐기도록 유혹했으며, 나는 당신이 만든 작품들 속에서 기쁨을 맛보았습니다. 이제 나는 당신이 내게 준 모든 능력을 동원해 스스로 약속했던 작품을 완성했습니다… 돼지 같은 탐욕 속에서 태어나고 자란 하찮은 벌레 같은 내가 당신의 생각들을 아무런 가치도 없게 만든 것이 있다면, 그것들을 바로 잡을 수 있도록 나에게 영감을 주십시오…"

케플러는 수많은 인생의 고난 속에서 묵묵히 쉼 없이 연구를 진행했다. 1630년 케플러는 밀린 급여를 받으려고 프라하로 길을 떠났다. 하지만 케플러는 이번에도 체불임금을 받지 못했다. 그리고 잡다한 일들을 연속적으로 처리하다가 과로가 누적된 케플러는 집에 오지 못하고 1630년 11월에 레겐스부르크에서 죽었다. 케플러의 삶은 이런 인생이 있을까 싶을 정도로 고난으로 점철된 인생이었다. 그의 타원궤도가 더욱 아름다워 보이는 이유다. 케플러의 업적들은 그 업적에 도달하는 과정들을 돌아볼 때 더 큰 울림을 갖는다.

# 신성로마제국은 어떤 곳이었을까?

'신성하지도 않고 로마인이 만들지도 않았으며 제국은 더더욱 아니다'라는 신성로마제국에 대한 농담이 있다. 그 말 그대로 신성로마제국은 고대 로마제국과 별 상관이 없다. 중세 초 프랑크왕국의 샤를마뉴 대제가 고대 로마제국의 영토의 대부분을 재정복하고 로마교황을 롬바르드족의 공격에서 구해주자, 교황이 그 보답으로 800년에 샤를마뉴에게 로마제국 황제의 관을 씌워준 것이 '로마'라는 이름이 붙은 이유였다. 이후 샤를마뉴의 거대한 영토는 오늘날 우리가 독일, 프랑스, 이탈리아로 부르는 지역으로 나뉜다. 그러다가 962년 독일지역 작센왕조의 오토 1세가 교황을 도와주며 다시 로마황제의 관을 받았다. 교회를 보호하고 밀접하게 연결되어 있다는 의미로 '신성'이라는 명칭이 덧붙여졌다.

하지만 이 제국은 과학혁명기 즈음 명목상의 제국이었을 뿐이다. 지역 영주들의 힘이 강해 사실상 수백 개의 개별 독립국이나 다름없었다. 우리가 읽었던 수많은 동화책에 왕자님과 공주님이 그렇게 많이 나오는 이유다. 황제는 자신이 다스리는 지역을 제외하면 명목상의 권한만 가지고 있었다. 심지어 신성로마제국 황제는 가장 영향력 있는 7명의 제후들이 투표로 최종 선출했다. 그러니 오늘날의 유럽연합이나 국제연합에 가까운 느슨한 정치적 연합체라고도 볼 수 있다. 신성로마제국의 영토 중 많은 부분은 분명히 오늘날의 독일이다. 그래서 독일의 기원이라 할 수 있다. 하지만 실제 그 판도는 폴란드, 체코, 슬로바키아, 오스트리아, 헝가리, 북이탈리아 지역 등 중부유럽 전체를 망라한다. 마르틴 루터의 종교개혁이 독일지역에서 발생한 이유도 면죄부를 활용한 교황청의 수탈이 분열된 독일지역에서 가장 심했기 때문이다. 종교개혁 이후 분열된 독일지역은 당연히 가장 심각한 종교적·정치적 분열을 경험했다. 신성로마제국 안에는 각 제후의 성향에 따라 신교나 구교를 선택했고 그래서 종교전쟁이 발발할 확률도 언제나 높았다.

티코와 케플러가 활동하던 시기 신성로마제국 황제는 현재의 체코 보헤미아 지역을 지배하던 루돌프 2세가 맡고 있었다. 그러니 명목상으로는 거대 제국 황제였지만 실제 그의 직접적 권력은 티코에게 덴마크 국왕보다 특별히 더 큰 지원을 할 수 없는 처지였다. 제국 내에 누적된 종교적 갈등은 17세기 초 결국 전쟁의 형태로 터져 나왔다. 1618년 시작된 30년 전쟁이었다. 케플러와 갈릴레오 말년의 불행들은 이 전쟁과 연관이 깊다. 신교도였던 케플러는 구교도 지역에서 더 많은 차별에 시달려야 했고, 갈릴레오는 훨씬 엄격해진 감시의 시대를 살다가 결국 재판까지 받게 된 것이다. 1648년 30년 전쟁이 끝난 후에도 신성로마제국은 외관상 계속 유지되었고 1806년 나폴레옹에 의해 해체되기까지 800년 이상을 지속했다.

65년이 지난 1871년 독일제국이 만들어지면서 우리가 독일이라고 부

**17세기 독일지역 지도**  신성로마제국은 사실상 봉건영주들이 통치하는 수백 개 독립국들의 느슨한 연합체였다.

**제3제국의 히틀러**  신성로마제국은 800년 이상을 지속했지만 히틀러의 제3제국은 12년 만에 사라졌다.

르는 나라가 만들어졌다. 하지만 독일제국은 제1차 세계대전에 패하면서 1919년에 사라져버렸다. 그리고 1933년 집권한 아돌프 히틀러는 자신이 새롭게 혁신한 독일이 신성로마제국과 독일제국에 뒤이은 새로운 제국이라는 의미에서 '제3제국'이라고 불렀다. 나치 독일이 제3제국이라는 명칭을 가지게 된 이유도 그 기원을 따져보면 신성로마제국에 있다.

청소년을 위한 과학혁명

# 3장

# 갈릴레오, 망원경의 시대

# 1
# 갈릴레오 갈릴레이

갈릴레오 갈릴레이(Galileo Galilei, 1564~1642)는 뉴턴, 다윈, 아인슈타인과 더불어 과학사에서 가장 유명한 인물 중 하나다. 케플러가 행성들의 타원궤도를 밝힐 무렵 갈릴레오는 또 다른 방법으로 지동설의 시대를 앞당긴 인물이었다. 갈릴레오가 유명한 이유는 그가 지동설혁명에 중요한 역할을 했기 때문이지만, 사실 더 큰 이유는 그가 받은 재판 때문이었다. 대중들에게 단순화해서 알려진 갈릴레오 재판은 '지동설을 주장하였으나 교회의 탄압으로 재

**갈릴레오** 지동설을 주장하고 재판을 받은 것으로 유명한 갈릴레오. 지동설에 더해 그의 인생에서 '망원경', '메디치 가문', '재판'은 중요한 키워드들이다.

판받은 과학자'의 이미지가 강하다. 하지만 갈릴레오 재판은 그리 단순한 문제가 아니었다. 이 글에서는 갈릴레오의 지동설과 함께 그의 재판에 대해서도 여러 측면에서 살펴볼 것이다. 그리고 역학과 원소 이론에서도 갈릴레오의 업적은 엄청나지만, 여기서는 그의 지동설과 관련한 업적을 중심으로 알아볼 것임도 밝혀둔다.

## 갈릴레오의 시대

갈릴레오는 16세기 후반의 이탈리아에서 성장했다. 당시 유럽의 부는 계속해서 늘어나는 중이었다. 지리상의 발견 이후 100년이 지나면서 신대륙과 인도항로를 통해 유럽으로 들어오는 재화의 양은 폭발적으로 증가했다. 낙관적인 분위기 속에서 문화조류도 빠르게 바뀌고 있었다. 특히 갈릴레오가 성장한 이탈리아 반도는 가장 발전한 지역이었다. 유럽 어느 지역보다도 부와 인구가 집중되어 있었고 문화수준도 높았다.

특히 이탈리아 중부의 비옥한 토스카나 지방을 통치하는 피렌체의 메디치 가문(Medici family)은 이 시기 이탈리아 르네상스의 발전에 중요한 역할을 했다. 피렌체에서 은행업으로 성공한 메디치 가문은 15~17세기 사이 유럽 최고의 부를 축적한 가문이다. 그리고 엄청난 부를 바탕으로 이탈리아 중부지역의 지배가문이 되었고 나아가 유럽 전체에 정치적 영향력을 행사했다. 그리고 많은 학자와 예술가들을

**갈릴레오 시절 이탈리아 지도**　이탈리아 북쪽에서는 밀라노, 모데나, 파르마, 만토바 공국과 베네치아와 제노바 공화국이 유력했다. 중부지역에는 메디치 가문이 지배하는 피렌체 대공국과 교황령이 있었고, 남부에는 나폴리 왕국과 시칠리아 왕국이 자리 잡고 있었다.

후원함으로써 '메디치 효과'라는 표현을 만들어냈다. 그 메디치 가문의 도시 피렌체는 유럽 문화와 예술의 중심도시가 되었다. 갈릴레오는 바로 그런 시대와 지역에서 성장하고 활동했다. 이런 축복받은 환경은 갈릴레오가 최고의 학자로 성장하는 데 중요한 역할을 했다.

　하지만 반면 갈릴레오의 인생을 불행하게 만들 문제들도 잠재되어 있었다. 이탈리아 반도는 독일처럼 잡다한 군소 국가들로 국토가 분열되어 있었다. 유력한 도시국가들은 군사적 대치상태를 유지하며 경쟁했다. 그래서 유럽 최고의 높은 경제력에도 불구하고 프랑스나 영국 같은 강대국이 될 수 없었다. 더구나 당시 유럽은 관용적 분

**바티칸 교황청**　17세기 교황청은 신대륙과 중국 등으로의 해외 선교도 열심이었지만 이탈리아 반도 안에서는 사상통제를 강화했다. 특히 서적의 검열은 일상적이었고 사소한 종교적 문제들로 저자들이 추방당하거나 재판 받는 일들이 많아졌다.

위기가 사회가 사라지고 보수화되는 시점이기도 했다.

　17세기로 접어들면 마르틴 루터의 종교개혁 이후 아슬아슬하게 유지되던 신구교간 대립이 다시 심해졌다. 양 세력이 적극적으로 세력 확장을 시작하면서 여기저기서 충돌이 일어났다. 그리고 결국 30년 전쟁이라는 엄청난 비극으로 이어졌다. 공간적으로는 독일지역에 한정되어 있었지만 사실상 유럽 전체가 휘말린 이 전쟁은 갈릴레오의 중년에 시작되어 그가 죽을 때까지도 끝나지 않았었다. 이런 분위기 속에 교황청도 잃어버린 가톨릭의 권위를 다시 일으키기 위해 열심이었다. 해외 선교 같은 긍정적인 활동들도 있었지만 이탈리아 반도 같은 가톨릭 지역에서는 주로 종교재판과 서적 검열에 집중했다. 코페르니쿠스 시대 같았다면 갈릴레오는 재판받고 처벌당하는 불행은 겪지 않았을지 모른다. 하지만 갈릴레오의 시대는 관용이 사라진 시대였다. 그것이 그가 말년에 당한 비극의 이유 중 하나이기도 했다.

## 갈릴레오의 성장기

갈릴레오는 1564년 이탈리아 피사에서 음악가의 아들로 출생했다. 당시 피사는 피렌체의 느슨한 지배를 받는 위성도시였다. 7남매의 장남으로 태어나 집안을 책임져야 한다는 강박이 강했던 것 같다. 이후 갈릴레오는 평생 출세 지향적인 모습들을 보여준다. 10대 초반에 갈릴레오의 아버지 빈센초가 메디치 가문의 궁정 음악가가 되었다. 그래서 갈릴레오는 당시 유럽 문화예술의 중심지였던 피렌체에서 성장했고 또 메디치 가문과도 연결될 수 있었다. 총명했던 갈릴레오는 이후 아버지의 권유로 피사 대학 의대에 입학했다. 하지만 막상 의학은 좋아하지 않았고 수학과 공학적 문제들에 관심이 있었다. 그리고 전문 화가들이 인정할 정도로 그림에도 소질이 뛰어났다. 이 재능도 후일 갈릴레오에게 도움이 되었다. 갈릴레오가 자기 책에 직접 그린 정교한 그림들은 독자들을 설득하는 데 큰 역할을 했다.

갈릴레오는 경제적 이유로 결국 의대를 졸업하지는 못했다. 하지만 이후 몇 년간 여러 수학논문을 통해 학자들에게 알려지기 시작했다. 그리고 다양한 경력들이 쌓이자 모교인 피사 대학에서 급여가 낮은 수학 계약교수가 될 수 있었다. 이 피사 대학 시기 갈릴레오는 많은 연구를 했다. 맥박계, 정밀저울, 물 펌프, 온도계, 군사용 컴퍼스 등의 여러 발명품을 남겼다. 또 기울어진 피사의 사탑에서 낙하실험을 했다는 유명한 이야기도 이 시기가 배경이다. 정말 갈릴레오가 그런 실험을 했는지는 분명치 않다. 하지만 물체의 낙하속도는 무게와 상관없이 일정하다는 것을 보여준 것은 분명 이 시기의 업적이다.

이런 사례들처럼 젊은 갈릴레오는 이미 아리스토텔레스의 주장에 대한 명확한 반대 입장들을 쏟아내고 있었다. 지동설에 대해서도 이 시기에 옳다고 결론 내린 것으로 보이지만 중년이 될 때까지 강한 주장을 하지는 않았다. 이 시기 갈릴레오는 수학과 실험을 함께 조합하여 실제로 합리적 설명을 해냈다는 점에서 특별하다. 이전까지는 수학과 실험을 함께 하는 학자를 찾아보기는 힘들었다. 갈릴레오는 실험을 조심스럽게 관찰하면 보편적 수학모형을 제시할 수 있고, 그 보편적인 수학모형을 찾으면 많은 현상이 예측가능해진다는 것을 알았다. 그 결과 오늘날 과학자들이 일상적으로 사용하는 수학과 실험의 융합이 시작된 셈이다. 수학적 모형과 실험을 병행해서 문제를 해결하는 갈릴레오의 이런 방법론은 결국 뉴턴에 이르러 극적인 성공을 보여주게 된다.

1591년 부친이 사망하자 갈릴레오는 27세의 나이로 가문의 가장

**베네치아** 갈릴레오가 18년의 시간을 보낸 베네치아는 이탈리아 반도 내에서 가장 자유로운 편에 속하는 공화국이었다. 교황의 권위도 비교적 약하게 미치고 있었기 때문에 갈릴레오가 베네치아에 남아 있었다면 후일 종교 재판을 받지 않았을지도 모른다.

이 된다. 그리고 다음해 파도바 대학 수학교수가 되어 3년간 강의했던 피사 대학을 떠났다. 파도바는 베네치아 공화국의 지배하에 있었다. 베네치아는 왕국이 아닌 공화국이어서 이탈리아 안에서는 가장 종교와 정치의 영역으로부터 자유로운 학문 활동이 보장되는 곳이었다. 갈릴레오는 40대가 될 때까지 18년의 시간을 이곳에서 보내며 학자로서 명성을 쌓아갔다. 유력한 후원자들이 늘어났으며, 강연자로서의 명성도 빠르게 퍼져나갔다. 노년의 갈릴레오는 이 파도바와 베네치아 시절을 가장 행복했던 시기로 기억했다.

　하지만 마냥 편하게만 이 시기를 보낼 수 있었던 것은 아니었다.

갈릴레오를 평생 괴롭힌 병마가 이 시기에 시작됐다. 원인을 알 수 없는 극심한 통증이 평생 동안 주기적으로 재발했다. 한 번 시작되면 몇 주 씩 침대에 누워 지내야 했다. 경제적 곤궁도 있었다. 장남이었기 때문에 당시의 풍속에선 자신의 혈족 모두에게 책임이 있었다. 낭비벽 강한 남동생은 계속 형에게 생활비를 얻어 갔고, 여동생이 결혼할 때는 엄청난 지참금을 내야 했다. 그래서 경제적 여유에 대한 집착은 어쩌면 당연했다. 월급으로는 이런 일들을 감당할 수 없었기 때문에 갈릴레오는 과외로 여러 활동을 했다. 축성술을 지도하고 군사용 컴퍼스를 개발하며 돈을 벌었다.

# 2

# 망원경과 지동설

티코 브라헤는 육안 관측 역사
상 가장 정밀한 관측을 했던 인물이
었다. 하지만 이제 갈릴레오의 시대
가 되면 망원경이라는 새로운 도구
가 발명되고 그 결과 육안 관측의 시
대에는 불가능했던 수많은 발견들
이 쏟아지게 된다. 갈릴레오는 그 흐
름의 맨 앞에 있었던 사람이다. 특히
천문학과 지동설에 관한 갈릴레오
의 업적은 망원경이라는 새로운 관
측도구의 직접적 결과물들이다. 갈

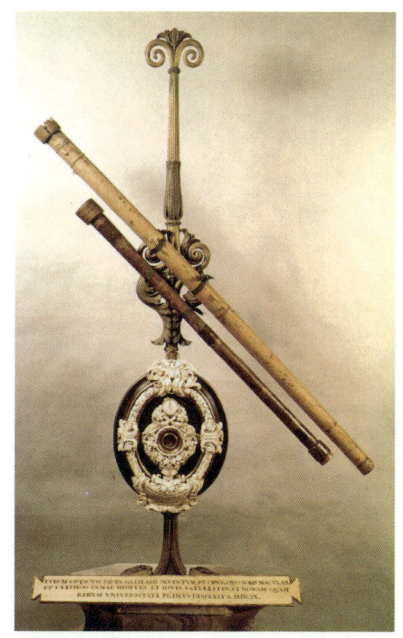

**갈릴레오 망원경**

릴레오는 1609년에 망원경을 만들었다. 그 해 네덜란드 사람이 망원경을 발명했는데 갈릴레오는 실물을 보지 않은 상태에서 이 망원경의 기본원리만 전해 들은 뒤 자신의 망원경을 만들었다. 이탈리아 반도 안에서는 최초로 만들어진 망원경이었다. 또 갈릴레오 망원경의 성능이 매우 좋았던 것은 분명하고, 소문만으로 망원경의 기본구조를 추측해서 자신의 망원경을 만든 것은 분명 탁월한 재능이었다.

하지만 갈릴레오는 처음에 자신이 망원경을 발명했다고 주장했고 자신이 망원경을 최초로 발명한 사람이 아니라는 증거가 나오자, 갈릴레오는 망원경의 '진정한' 발명자는 자신이라고 끝까지 태연하게 우겼다. 그는 성격적으로 여간해서는 자신의 잘못을 인정할 줄 몰랐다. 이후 갈릴레오는 자신의 망원경 배율을 계속해서 높여 나갔다. 그리고 30배율 이상의 망원경을 만들자 놀라운 천문학적 발견들을 두 해 동안 쏟아내게 된다. 이 망원경 관찰은 갈릴레오의 삶을 전혀 다른 형태로 바꾸어놓았다. 갈릴레오가 새로운 도구 망원경으로 지동설에 기여한 일은 크게 네 가지를 언급할 수 있다. 단일한 발견만으로도 중요한 업적이었지만 갈릴레오는 이 발견들을 묶어 지동설에 유리한 증거로 설명해내는 재능이 있었다. 그리고 갈릴레오의 이 중요한 발견들은 망원경을 만들고 2년 남짓한 시간 동안에 모두 이루어졌다.

# 갈릴레오의 주요 발견과 주장 내용

### (1) 1609년, 달 표면의 울퉁불퉁함을 관찰

**주장 내용** 달 표면이 불규칙적으로 울퉁불퉁하다. 원근법적으로 생각해보면 많은 산들과 분화구들로 보인다. 어둡고 평평한 부분들은 바다일 것이다. 즉 지구와 비슷한 지형으로 보이며 그러하면 지구와 비슷한 물질들로 구성되어 있을 확률이 높다. 망원경으로 확대해 본 달은 육안으로 보이는 모습처럼 매끄러운 형태가 아니다. 즉 아리스토텔레스의 주장처럼 천상의 고귀하고 특별한 원소로 구성된 것처럼 보이지 않는다.

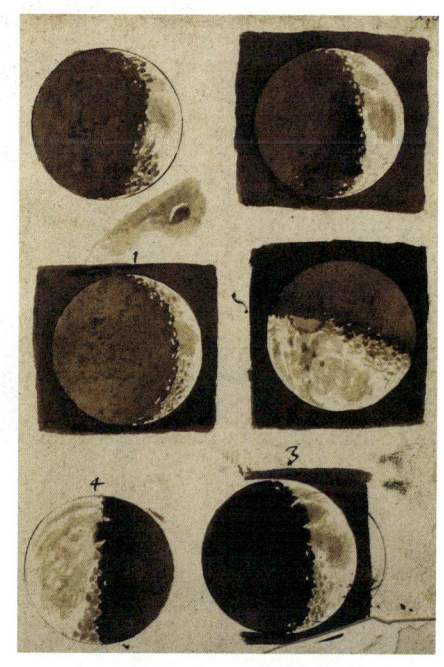

**갈릴레오의 달 표면 스케치** 현재 '달의 바다'라고 불리는 부분들은 갈릴레오가 처음에 그렇게 불렀기 때문이다. 울퉁불퉁한 달의 모습은 갈릴레오에게 큰 충격과 깨달음을 줬다.

### (2) 1610년, 목성의 네 위성 발견

**주장 내용** 목성 주위에 일정한 주기로 목성을 도는 네 개의 위성이 있다. 코페르니쿠스 지동설의 약점 중 하나가 왜 지구만 달을 가지냐

**갈릴레오 위성 네 개**  목성의 가장 거대
한 네 개의 위성 이오, 가니메데, 에우로파,
칼리스토. 우리는 이 위성들을 발견자의
이름을 따서 갈릴레오 위성이라고 부르지
만 갈릴레오가 붙인 이름은 '메디치의 별'
이었다.

는 것이었다. 하지만 이제 다른 행성도 위성을 가질 수 있음을 알게
되었다. 달은 더 이상 특이한 예외사항이 아니며 이로써 지동설에 불
리한 증거 한 가지는 사라진 셈이다.

### (3) 1610년, 금성의 위상변화 과정을 관찰

**주장 내용**  육안으로 보면 금성은 그냥 별처럼 보이지만 망원경으
로 보면 마치 달처럼 보름달 모양과 초승달 모양을 오가며 변화한다.
금성은 스스로 빛을 내는 것이 아니며 달처럼 태양의 빛을 반사하고
있었다. 그리고 보름달 모양일 때보다는 초승달 모양일 때 더 크고

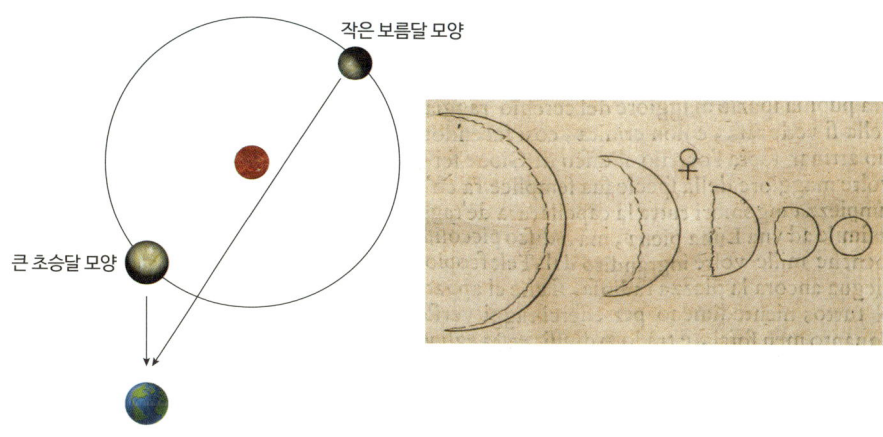

**금성의 위상 변화**　금성이 보름달 모양일 때 더 작고 어두운 이유를 설명하는 그림

밝았다. 이 현상은 지동설로 설명될 수 있다. 금성이 보름달 모양일 때는 지구에서 볼 때 태양보다 멀리 있기 때문에 작고 어두워 보이고 초승달 모양일 때는 태양보다 지구 쪽에 더 가깝게 있기 때문에 더 밝고 커 보이는 것이다.

### (4) 1611년, 태양흑점 발견

**주장 내용** 태양에는 흑점이 있다. 흑점은 아주 많고 모양이 변화하며 심지어 이리저리 옮겨 다닌다. 가장 완벽해 보이던 태양도 흑점 같은 불완전성을 가지고 있다. 이제 아리스토텔레스가 주장했던 우주의 영원불변성과 고귀함은 더 이상 설득력이 없다.

이렇게 갈릴레오는 망원경으로 관찰한 내용들을 종합해서 모두 지동설에 유리한 정황증거들로 해석해내는 재능을 보였다. 개별적

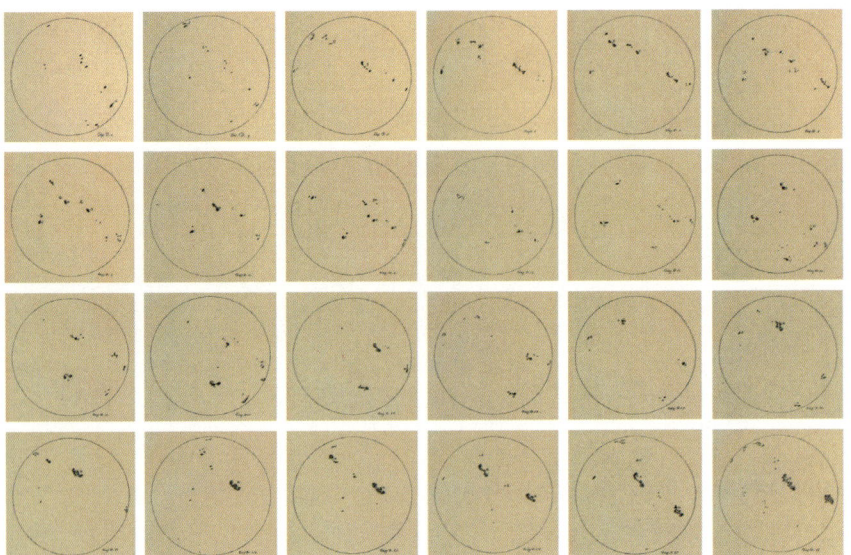

**갈릴레오의 태양 흑점 스케치**　갈릴레오는 마치 거뭇한 자국처럼 보이는 흑점들이 태양의 불완전성을 보여주는 것으로 해석했다.

인 꿈을 하나의 의도된 해몽으로 엮어낸 셈이다. 이때부터 갈릴레오는 자신감을 가지고 지동설을 옹호하기 시작했다. 목성의 위성을 발견한 그 해 갈릴레오는 자신의 발견들을 바로 책으로 출판했다. 『별의 전령(Sidereus Nuncius)』은 대성공을 거뒀다. 같은 시기 출간된 케플러의 책은 어려운 라틴어로 된 전문서였지만 갈릴레오의 책은 읽기 쉬운 이탈리아어로 만들어져 처음부터 대중들을 염두에 뒀다.

갈릴레오는 갑작스런 유명세를 탔고 망원경은 칭송되었다. 『별의 전령』의 출간은 시의적절한 면이 있었다. 왜냐하면 당시는 대부분의 대학이 코페르니쿠스 모형을 무시하기 시작한 때였다. 아리스토텔레스 물리학에 훨씬 잘 부합되는 티코 시스템이라는 대체 이론이 있

는 상황이었고, 신교 쪽에서는 지동
설이 성서와 모순된다고 공공연히
비난 중이었다. 지동설은 기껏해야
수학적 허구라는 분위기가 더 지배
적이 되었을 때, 케플러 같은 소수의
지동설 옹호론자가 활동하는 정도
인 상황에서, 갈릴레오는 영향력 있
는 반전을 이루었다. 하지만 아직까
지는 명백하게 지동설을 옹호하지
는 않았다. 어쨌든 1609~1611년 사
이 망원경 관찰들로 갈릴레오는 유
럽 최고 학자의 반열에 올랐다. 그리
고 이 과정은 순수한 과학적 업적만
으로 가능했던 것이 아니었다.

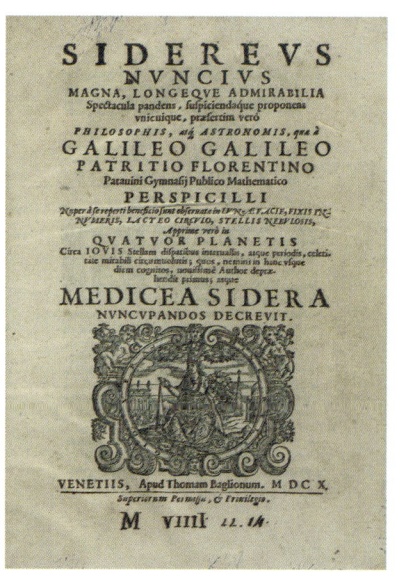

**「별의 전령(sidereus noncius)」** 1610년 출
간된 이 책의 핵심 내용은 달에도 산맥과 바다가 있
고, 목성에는 목성을 중심으로 회전하는 위성이 있
으며, 은하수는 엄청난 수의 별들로 이루어져 있다
는 주장이었다. 갈릴레오는 그 해 자신이 발견한 최
신의 성과를 책으로 만들었다. 550판까지 출간됐
고, 불과 5년 뒤에는 중국에도 소개됐다. 가히 전
세계적인 인기를 누린 책이다.

# 3

# 갈릴레오의 처세와 난관

## 별을 선물한 사나이

갈릴레오의 망원경 관찰들은 모두 중요한 천문학적 업적들이었다. 하지만 갈릴레오의 인생에서 가장 중요했던 것은 목성의 위성 발견이었다. 왜냐하면 갈릴레오가 목성의 위성 네 개를 '메디치의 별'로 이름 지었기 때문이다. 이 일로 갈릴레오는 메디치 가문의 '대공의 궁정 수학자 겸 철학자'가 되었고 갈릴레오는 전혀 다른 인생행로에 들어서게 된다.

사실 이 과정에는 갈릴레오의 철저한 계산이 있었다. 갈릴레오는 파도바 대학에서 강의할 때부터 용의주도하게 메디치 가문에게 줄을 대고 있었다. 학기를 파도바에서 보낸 뒤 여름방학만 되면 피렌체

**메디치의 별** 메디치 가문은 갈릴레오의 목성 위성 발견 뒤 가문의 문양을 아예 '메디치의 별'로 바꿨다.

로 돌아갔다. 갈릴레오는 1605년부터 장래 대공이 될 10대 소년 돈 코시모를 가르치기 시작했기 때문이다. 이후 출간한 소책자도 물론 코시모에게 헌정했다. 1608년 코시모 메디치의 결혼식 때 갈릴레오는 자석 목걸이를 선물했다. 당시 자석은 신비한 현상이었다. 갈릴레오는 동봉한 편지에 이렇게 적고 있다.

"철 조각들이 자철광에 의해 들어 올려져 붙잡히는 것을 보면… 왕자님의 경건하고 예의 바른 애정―자철광이 나타내는―이 신민들을 억누르기보다는 오히려 들어 올려 그들―철 조각들이 나타내는―로 하여금 왕자님을 (자연스럽게) 사랑하고 따르도록 하는 것입니다."

자석의 자력을 왕자의 신민에 대한 애정으로 비유하며 갈릴레오는 노골적이지만 탁월한 아부를 했다. 이런 식으로 메디치 가문에 자신의 존재감을 높이던 그는 1610년에 목성의 위성 발견으로 더 기발한 수사법의 절정을 보여주게 된 것이다. 돈 코시모는 1609년 대공 좌를 물려받아 코시모 2세가 되었다. 즉 자신의 제자가 메디치 가의 주군이 되어 있는 상황에서 그는 메디치의 별이라는 한 수를 던진 것이다.

**메디치 가문 주요 인물들의 초상**  르네상스 문화를 대표하는 예술의 도시 피렌체의 역사는 메디치 가문과 관련이 깊다. 메디치 가문은 거대한 부로 학문과 예술을 후원해서 르네상스 전성기를 이끌었다. 그래서 후원의 중요성을 보여주는 '메디치 효과'라는 표현이 남아 있다.

목성의 위성에 '메디치의 별'이라는 이름을 붙인 뒤 갈릴레오는 메디치 가문과 계속 연락했다. 그 당시 편지들 속에는 노골적인 청탁 문장들이 발견된다. "이 조우의 위대성을 크게 손상시키는 요소가 딱 한 가지 있다면, 그것은 중재자의 비천한 신분과 낮은 지위입니다." 갈릴레오는 마땅히 만나야 할 존재들을 만나게 해주었을 뿐이라는 의미를 강조하기 위해, '발견'이 아니라 '조우'라는 표현을 사용했다. 한 문장 한 문장이 주도면밀하게 씌었음을 알 수 있다. 그리고 드디어 궁정 철학자가 되어 소원을 이뤘다. 이후 전 유럽의 메디치 가문 외교관들이 알아서 목성의 위성을 홍보해 주었고 갈릴레오의 연봉은 순식간에 8배 상승했다.

갈릴레오의 발견 후 메디치 가문은 목성의 위성이 표현된 메달을 주조했고, 메디치 가문의 궁정 공연에서는 이 발견을 많은 손님들 앞에서 두고두고 칭송했다. 그 결과 부와 명예와 영향력을 얻었다. 뿐만 아니라 학문적으로도 갈릴레오의 업적을 보증해주었다. 네 개의 별을 공격하는 것은 감히 메디치 가를 공격하는 것과 같았기 때문이다. 메디치 가의 상징에 시비를 걸 용기를 가진 학자나 성직자는 당연히 없었다. 나중에 갈릴레오의 이론들에 대한 여러 공격이 진행될 때에도 목성의 위성에 대해서는 아무도 비난하지 않았다.

결과적으로 궁정 철학자라는 지위는 갈릴레오에게 많은 것을 제공했다. 강의 부담으로부터 자유, 사회적 지위 향상, 고액 연봉이라는 목적을 모두 이루었다. 또한 엄청난 권력을 후원세력으로 두게 됨으로써 반대자들의 공격을 어느 정도 무마시키며, 편하고 효율적으로 자신의 업적을 출판할 수 있다는 이점도 있었다. 국제적으로도, 대중적으로도 더욱더 유명해졌다. 하지만 갈릴레오가 궁정 철학자가 되고자 한 이유는 한 가지가 더 있었다.


그는 파도바에서 수학교수였다. 당시 수학자들은 철학자들과 달리 자연현상에 대해 물리적 해석을 내놓을 수 있는 자격이 없었다. 수학은 양적 측면만을 다루는 것이고, 철학은 자연현상의 원인을 다루는 분야라는 생각이 일반적인 시기였다. 한마디로 수학의 위상이 낮은 시대에 수학교수라는 신분으로서는 자기 주장을 펼치기에 한계가 분명했던 것이다. 그래서 그는 '철학자', 특히 '궁정 철학자'라는 명예가 반드시 필요했다.

실제로 그가 수학교수에 머물렀다면 우리가 아는 갈릴레오는 없었을 것이다. 하지만 이 선택에는 부정적인 측면도 있었다. 갈릴레오의 주장으로 볼 때, 당시 친구들은 언젠가 그가 교회와 충돌할 것이라는 것을 어느 정도 예상했다. 그래서 피렌체 행을 말렸다. 이탈리아에서 교황의 권위에 도전할 힘과 성향을 함께 가진 곳은 베네치아 공화국뿐이었다. 갈릴레오는 사실 저절하고 안전한 곳에 자리를 잡은 셈이었다. 하지만 갈릴레오는 궁정 철학자가 되어 사회적 영향력을 높이는 위험한 길을 선택했다.

## 갈릴레오가 만난 역풍

유명해진 갈릴레오는 가는 곳마다 최고의 대접을 받았다. 하지만 이 시기 갈릴레오 망원경의 성공은 결코 쉽게 진행된 것은 아니었다. 갈릴레오의 천문학적 발견과 관련한 업적에는 다양한 난관이 있었다. 갈릴레오가 당한 난관들은 과학의 발전과정에서 흔하게 나타나는 현상들의 대표적 사례들로서 살펴볼 만하다.

먼저 망원경의 신뢰성 문제가 제기되었다. 갈릴레오가 달과 태양의 불완전한 모습에 대해 언급했을 때 가장 먼저 나온 반론은 그 불완전한 모습이 망원경 자체의 불완전함으로부터 기인된 것일 수 있다는 논리였다. 망원경이 불완전한 지상의 원소로 만들어져 있으니 완전한 천상계의 천체들을 불완전한 모습으로 투영하고 있다는 주장은 쉽게 반박하기 힘든 것이었다. 오늘날에는 우스꽝스런 반론이겠지만 달과 태양에 '직접' 가서 망원경 관찰이 사실인지 확인하는 것이 불가능하니 결정적 반론은 불가능했다. 몇몇 학자들은 아예 망원경 관찰 자체를 거부하기도 했다.

이처럼 망원경 관찰을 사실로서 받아들이는 것도 쉽지 않은 일이었다. 이것은 시대적 무지의 결과가 아니다. 새로운 관측도구가 도입되었을 때 기존학계에서는 언제나 반발이 나타난다. 처음 사용하는 실험기구가 신뢰할만한 것인가는 언제나 당연하게 논쟁의 대상이 되게 마련이다. 어느 정도의 시간이 지나 해당 실험도구를 사용하는 오랜 경험의 축적이 있어야만 사회적 합의가 가능하다. 당시 망원경은 그 신뢰성을 줄 만한 경험의 축척이 없었다. 그럼에도 결국 망원경이 빠른 신뢰를 획득한 것은 갈릴레오의 지위와 그의 탁월한 수사법 덕택이었다고 봐야 할 것이다.

또 갈릴레오의 망원경을 통한 결정적 발견들에는 많은 우선권 논쟁이 발생했다. 망원경이 만들어지고 3~5년 사이에는 수많은 동시 발견들이 속출했다. 당연하게도 망원경이라는 새로운 관측도구가 만들어진 뒤 수많은 학자들이 망원경 관찰을 시작했다. 새로운 발견들이 꼬리를 물었는데 몇 달간 지속되는 천문관찰의 특성상 당연히 누가 먼저 무엇을 발견했느냐를 따지기는 쉽지 않았다. 갈릴레오는 수많은 학자들과 우선권 논쟁을 치렀다. 그리고 그때마다 승리했다. 이 승리의 이유 역시 그의 관찰이 실제로 빨랐다기보다는 그가 메디치 가문의 궁정 철학자였다는 점이 주효했다. 신랄한 비판을 주고받다가 마지막에 상대의 사과로 마무리되는 과정이 여러 번 있었다. 갈릴레오의 우선권 논쟁 대응은 강박적일 정도였다. 사실 그 모든 발견을 한 사람이 이루어냈다는 식의 주장은 형평에 맞지 않는다.

물론 이 모든 관찰들을 지동설의 관점에서 일목요연하게 설명해낸 사람은 갈릴레오 임에 분명하다. 하지만 발견의 업적을 남들과 나누고, 해석의 업적을 자신이 가졌어도 충분한 명예를 누릴 수 있었을 것임에도 그는 모든 것이 자신의 업적이라고 고집했다. 갈릴레오는 이런 식으로 무자비하게 모든 공로를 자신을 향해 집중시켰다. 그리고 반대자들에게 언제나 모욕적이거나 냉소적인 대응을 반복해 분노를 유발했다. 이들은 패배한 후 침묵할 수밖에 없었지만 마음 속 깊이 원한을 쌓아두고 있었다. 그리고 적당한 기회가 오면 단결해서 갈릴레오에 대한 공격을 재개할 세력이 되어갔다. 거듭되는 승리 속에 수많은 잠재적 적대자들을 만들고 있음을 그때의 갈릴레오는 잘 몰랐다.

또 한 가지 생각해봐야 할 것은 모든 업적과 관찰 사실 자체를 긍정한다 해도 분명히 갈릴레오의 발견들은 지동설을 옹호하는 데 한계가 있었다는 점이다. 목성의 위성이나, 태양과 달의 불완전성이 지동설을 직접적으로 증명하지는 않는다. 금성의 위상 변화는 티코 시스템에서도 충분히 설명되는 것이었다. 현대의 관점으로 보아 갈릴레오의 발견들은 케플러의 법칙들보다 지동설에 대한 설득력이 오히려 약한 편이다. 그리고 여전히 지동설의 다양한 약점들이 남아 있었다. 무엇보다 아직 지동설은 스스로를 지탱할 수 있는 역학 체계를 갖추지 못했다. 갈릴레오가 줄기차게 주장한 것은 천동설과 아리스토텔레스 역학이 틀렸을 것으로 추정되는 사실들뿐이었다. 사실 그의 지동설 옹호 주장이 설득력을 가졌다면 그 이유는 그의 실제 발견보다는 특유의 언변에 기인한 바가 컸다. 그의 지동설에 대한 재판이 교회의 일방적인 탄압이라고만 볼 수 없는 이유이기도 하다.

# 4
## 운명의 책, 『대화』

## 비판에 대한 갈릴레오의 대응

갈릴레오는 1614년에 『크리스티나 대공 부인에게 보내는 편지』를 썼다. 이 편지는 어느 날 갈릴레오가 대공의 어머니가 지동설이 성경의 내용과 맞지 않는다며 의문을 표현했다는 말을 듣고 급히 작성해 보낸 편지다. 권력자를 설득하기 위한 이 편지는 과학과 종교의 관계성에 대한 갈릴레오의 생각이 솔직하게 요약되어 있다. "자연은 냉정하며 변하지 않습니다. 자연은 자신에게 주어진 법칙을 결코 위반하지 않으며, 자신의 존재를 인간이 이해할 수 있는지에 대해 아랑곳하지 않습니다. 이런 이유로, 경험으로 얻어진 증거나 이성적으로 이해된 설명들이 의심받아서는 안 되며, 성서적 견해에 따라 비난 받아서도 안 되는 것입니다."

"성서는 하늘에 이르는 방법을 알려주는 것이지, 하늘의 원리를 말해주지는 않습니다."

이 편지에서 갈릴레오는 몇 가지 중요한 주장을 표현했다. 먼저 단호하게 지동설의 사실성을 주장하며 성서가 종종 비유적으로 표현되어 있어서 실제 의미를 알아내기 위해서는 추가적 해석이 필요하다고 했다. 또 성서는 영적인 글이기 때문에 물리 현상을 이해하는 데 의존해야 하는 문서가 아니라고 했다. 또 여러 가지 물리적 증거가 지동설을 뒷받침하고 있다면 성서가 재해석되어야 한다고도 했다. 물리적 증거가 있음에도 이를 고치지 않는 것은 무책임한 행동이라는 언급도 있다. 성서는 신의 말씀이라 오류가 없으나 그 해석은 인간이 하는 것이므로 잘못될 수 있다는 결론으로 요약된다.

결국 이 편지의 의미는 성직자들의 성경 해석이 틀릴 수 있으므로 때에 따라 받아들이지 않을 수 있다는 말이 된다. 이 편지는 성직자들 입장에서는 충분히 건방진 행동이었다. 이 편지만으로도 교회는 그의 의도를 명확히 알 수 있었을 것이다. 편지 내용의 강도에 비해 어쩌면 이후 교회의 반응은 온건한 편이었다. 아마도 메디치 가문의 눈치를 살펴야 했기 때문에 상당 기간 갈릴레오를 함부로 대할 수 없었던 것으로 보인다. 재판까지 진행된 논쟁의 핵심은 진리에 대한 해석 권한의 문제였다. 갈릴레오 같은 신진 과학자들은 이제 진리의 해석권 중 일부를 성직자가 가져서는 안 된다고 선언한 것이다. 중세였다면 상상조차 못했을 생각들이 이제 태동하고 있었다. 과학과 종교의 관계를 어떻게 바라봐야 하는지에 대해 오늘날에도 많은 부분 생각하게 하는 내용들이다.

이후 갈릴레오는 이단혐의로 여러 차례 경고를 받았다. 하지만 지속적으로 후원세력의 도움도 받았다. 문제가 생길 듯하다가 잘 해결되기를 반복했다. 갈릴레오는 이런 상황진행에 점차 자신감을 얻었던 것으로 보인다. 1616년에는 약식재판도 받았는데 결과는 무죄였다. 하지만 재판관 중 한 명이었던 벨라르미노 추기경(Robert Bellarmine, 1542~1621)은 분명한 경고도 했다. "코페르니쿠스의 주장을 가설로 이야기하는 것은 훌륭한 양식이며 전혀 위험한 행동이 아닙니다… 만약 실제로 그것이 증명된다면, 우리는 성경을 다시 해석해야겠지만, 아직까지 그것을 증명한 사람은 없었습니다." 이런 전제하에 갈릴레오는 '증명하지 못하는 한' 코페르니쿠스 체계를 옹호하지 말라고 경고받았다.

**교황 우르바누스 8세**  교황 우르바누스 8세. 처음에는 갈릴레오와 친했지만 결국 갈릴레오 재판의 가해자로 유명해졌다.

갈릴레오는 이 경고를 받아들여 이후 지동설 연구는 계속했지만 공공연한 언급은 자제했다. 사실 1633년 갈릴레오 재판은 상황을 잘못 판단하여 1616

년의 경고를 무시한 것에서 비롯되었다. 1623년에 피렌체 출신 추기경이 새 교황 우르바누스 8세로 선출되었다. 갈릴레오로서는 자신과 잘 알고 지내던 인물이 교황이 된 것이다. 더구나 새 교황은 코페르니쿠스 이론을 이단으로 보지 않는 진보적 성직자였다. 갈릴레오는 기회가 왔다고 생각하고 로마로 가서 새 교황을 알현했다. 그리고 천동설과 지동설을 '공평하게 다루는' 책을 쓰겠으니 허락해달라고 부탁했다. 교황은 흔쾌히 허락했다. 하지만 책 집필은 여러 문제들로 계속 늦어졌고 결국 우여곡절 끝에 1632년에야 출간됐다. 갈릴레오 재판이라는 역사적 사건을 만든 책 『두 가지 주요 우주체계에 대한 대화(Dialogo sopra i due massimi sistemi del mondo)』—앞으로 줄여서 『대화』로 표기한다—는 이렇게 세상에 나왔다.

## 『두 가지 주요 우주체계에 대한 대화』

갈릴레오의 주장들이 모두 옳은 것은 아니었고 갈릴레오의 반대자들이 모두 틀린 것도 아니었다. 과학의 발전과정은 길고 복잡한 대화의 과정이다. 지동설 주장자들만 올바르고 총명한 것이 아니라 천동설을 고수하려는 사람들이 그럴만한 이유가 있었다는 점을 이해하는 것은 중요하다. 그때 비로소 우리는 왜 지동설혁명이 150년이라는 긴 시간에 걸쳐 진행되었는지 알 수 있다. 이런 상황을 쉽게 이해해볼 수 있는 자료가 바로 갈릴레오의 책 『대화』다. 갈릴레오의 이

DIALOGO
DI
GALILEO GALILEI LINCEO
MATEMATICO SOPRAORDINARIO
DELLO STVDIO DI PISA.
E Filosofo, e Matematico primario del
SERENISSIMO
GR.DVCA DI TOSCANA.
Doue ne i congressi di quattro giornate si discorre
sopra i due
MASSIMI SISTEMI DEL MONDO
TOLEMAICO, E COPERNICANO;
Proponendo indeterminatamente le ragioni Filosofiche, e Naturali
tanto per l'vna, quanto per l'altra parte.

CON PRI VILEGI.

IN FIORENZA, Per Gio:Batista Landini MDCXXXII.
CON LICENZA DE' SVPERIORI.

「대화」 표지

유명한 책에는 올바른 내용과 잘못된 내용이 뒤섞여 있다.

먼저 『대화』는 제목처럼 세 사람의 주인공이 등장해서 4일간의 대화를 나누는 형식으로 구성되어 있다. 대화체 형식의 글은 대중이 이해하기 쉽고, 책의 주장에 대해 문제가 발생하면 등장인물의 입장이지 저자의 입장이 아니라고 변명하기가 용이하다. 등장인물 세 사람은 다음과 같다.

사그레도(Sagredo)는 합리적인 보통사람이며 대화의 사회자 역할을 맡고 있다. 살비아티(Salviati)는 실제로는 갈릴레오 이론의 대변자로서 지동설을 옹호한다. 심플리치오(Simplicio)는 아리스토텔레스 이론의 지지자로 천동설을 주장한다. 이중 심플리치오라는 어감 자체가 단순하고—영어 simple의 느낌처럼—얼간이 같다는 느낌을 준다. 실제로 시종일관 어리석은 인물로 그려져 있어서 갈릴레오가 어떤 의도로 이름을 지었는지 분명히 알 수 있다. 처음부터 천동설을 믿는 사람은 바보라는 의미를 주인공의 이름에 각인시킨 것이다.

책의 서문에서는 "천동설과 지동설 중 어느 것이 맞는지는 신만이 아시며 나는 이 두 이론을 공평하게 다루겠다."고 언급하며 검열관을 안심시키는 부분도 있다. 하지만 명백한 기만이다. 세련된 문체로 만들어진 책의 내용은 서문과 거리가 멀었다.

『대화』의 1일과 2일차 내용에서는 갈릴레오의 뛰어난 글솜씨가 화려하게 발휘된다. 1일차 대화에서는 지상과 천상의 영역이 근본적 차이가 있고 천상은 불변성을 가진다는 아리스토텔레스의 주장을 공격한다. 2일차에서는 지구의 움직임에 관한 기존의 반론들을 논리적으로 재반박한다. 2일차에 나오는 탁월한 비유에서 갈릴레오는 움직이는 배를 예로 들었다.

간단히 표현한다면 '우리가 움직이는 배의 선실 속에서 뛰어오르거나, 물건을 떨어뜨릴 때 배가 정지한 상태 때와는 다른 현상을 관찰하게 될 것인가?'라는 질문이었다. 당연히 아니다. 물건은 아래로 자유 낙하하는 듯이 보일 것이며, 우리가 뛰어올랐을 때도 배의 속도에 상관없이 제자리에 착지할 것이다. 그것은 관성 때문이다. 하지만 당시는 바로 이 '관성'의 개념이 없었던 시대다. 그래서 지구가 움직인다면 우리가 뛰어올랐을 때 멀리 날아가서 떨어질 것이라는 생각들이 진지한 지동설의 반론으로 제시되었던 것이다. 이 배의 사례를 든 관성 개념의 설명으로 갈릴레오는 지동설에 현실적 가능성을 불어넣었다. 이 사례는 최초로 서술된 관성에 대한 설명이다. 관성개념으로 갈릴레오는 지동설의 취약했던 역학적 설명 부분을 보완했다.

하지만 덧붙이자면 이 갈릴레오의 관성은 현대적인 관성과 다르다. 우리가 알고 있는 관성은 물체가 하던 운동을 계속하려는 성향이 직선방향으로 작용한다. 하지만 갈릴레오는 그 관성이 원을 그린다고 봤다. 즉 모든 물체는 던져두면 방해 받지 않는 한 둥글게 돌게 되어 있다는 것이다. 갈릴레오의 관성은 '원관성'이다. 이 원관성을 우리가 알고 있는 '직선관성'으로 바꾼 사람은 데카르트다.

어쨌든 이 설명으로 갈릴레오는 달이 지구와 동일한 원소로 구성되어 있더라도 지구를 돌게 됨을 설명할 수 있었다. 갈릴레오의 설명대로라면 돌맹이라도 충분히 강하게 던져두기만 하면 지구 주위를 돌 것이기 때문이다. 오늘날의 관점에서는 틀린 것이지만 갈릴레오는 역학적 설명이 가미된 지동설을 주장한 것이다. 코페르니쿠스도 케플러도 관찰에 대해 수학적 해석은 했지만 역학적 설명은 내놓지 못했었다. 그런 면에서 지동설은 갈릴레오에 와서야 처음으로 과학적 논쟁의 대상이 된 셈이다.

그런데 3일차 대화로 오면 여러 부분에서 재미있는 내용들이 발견된다. 갈릴레오는 지동설 체계가 천동설 체계보다 우월함을 보이기 위한 여러 시도를 한다. 하지만 정성을 들인 이 대화내용은 여러 부분에서 틀렸다. 먼저 갈릴레오는 살비아티의 입을 빌려 열심히 지동설 체계를 칭송했는데 그 설명은 코페르니쿠스 설명과는 차이가 있었다. 내용으로 미루어 갈릴레오는 『천구의 회전에 대하여』를 읽지 않거나 내용을 이해하지 못한 것으로 보인다. 아이러니하게도 자신이 옹호하려는 사람의 이론조차 면밀히 파악하지 않은 것이다. 그리고 케플러가 타원궤도 운동을 주장한 지 23년이 지났지만 여전히 원운동에 집착하고 있었다. 많은 이들이 원운동을 고수하고 있었던 때였기에 이것을 갈릴레오만의 무지라고는 볼 수 없다. 당대 지식인들에게 원운동이 얼마나 소중한 가치를 가진 것인지 알려주는 사례로 봐야 할 것이다. 또 경쟁자 티코에 대한 비판도 잊지 않는데 갈릴레오는 이 부분에서 혜성을 대기효과라고 설명하며 티코를 비난했다. 티코 시스템만 비난하지 않고 티코의 올바른 관측까지 공격한 것이다. 틀린 쪽은 분명히 갈릴레오였다.

마지막 부분에는 저자가 가장 자신 있는 내용을 배치할 텐데 4일차의 핵심내용은 밀물과 썰물이 지구자전 때문에 일어난다는 것이었다. 즉 지구가 자전하고 있으니 이 움직임으로 인해 바닷물이 출렁출렁하게 되고 그것이 밀물과 썰물로 나타난다는 것이었다. 우리가 실소를 금치 못할 정도로 이 내용은 분명하게 틀렸다. 우리는 달의 인력 때문에 밀물과 썰물이 발생한다는 것을 알고 있다. 이것은 결국 뉴턴이 밝히게 된다.

1616년 이후 갈릴레오가 지동설 옹호에 추가한 설명은 사실상 이

**밀물과 썰물** 갈릴레오는 밀물과 썰물이 지구가 자전하기 때문에 발생한다고 생각했다.

내용이 유일했다. 더구나 케플러는 이미 7년 전에 밀물과 썰물은 달의 영향력 때문에 일어난다고 올바르게 설명한 적이 있었다. 하지만 갈릴레오는 이 설명까지 다시 언급하며 케플러를 비웃었다. 조수운동은 갈릴레오에게 지구가 움직인다고 주장할 결정적인 카드였던 것이다. 동시에 티코나 케플러 등의 라이벌들의 오류를 지적하며 그들의 권위를 실추시키고자 했던 것이다.

정리해본다면, 갈릴레오는 지동설이 옳다고 믿었지만 평생 동안의 노력에도 불구하고 이를 증명하지는 못했었다. 재미있게도 갈릴레오는 분명히 틀린 내용에 기반해서 지동설을 확신했다. 그리고 이런 증거들로 자신의 주장이 받아들여지고 교회를 설득시킬 수 있을 것이라고 생각했다. 아이러니한 것은 갈릴레오는 이런 불완전한 주장들을 가지고 매우 세련되고 설득력 있는 책을 만들었다는 것이다. 그래서 현재 우리가 올바르다고 믿고 있는 지동설은 우리가 틀린 것을 잘 알고 있는 주장들에 의해 당시 사람들에게 잘 전파되었던 것이다. 많은 자료들이 갈릴레오의 업적만 얘기하지 그가 무엇을 틀렸는지 가르쳐주지 않는다. 지동설이 대중화되고 이후 과학혁명이 진행되는 과정에는 이런 기묘한 이야기들이 숨어 있다. 과학의 발전과정은 끝없는 승리와 진보의 과정이 아니라 끝없이 사실과 오해들이 교차하며 대화하는 과정인 것이다.

# 5

## 갈릴레오 재판

### 재판의 진행과정

갈릴레오 재판은 과학사의 중요한 이정표이며 갈릴레오 이야기에서 빠질 수 없는 사건이다. 이 재판은 극단적 단순화로 많은 오해를 만들었다. 이 재판 때문에 과학의 순교자 갈릴레오의 이미지는 초중고 학생용 위인전에 단골메뉴가 되어 있다. 시대를 앞서간 과학자가 보수적 교회에 의해 탄압당한 사례로 대중화된 이 이야기는 과학과 종교, 개인 대 권력의 대립을 넘어서는 복잡한 갈등 구조가 이면에 감춰져 있다. 그리고 재판의 동기와 과정에 대해서는 지금도 수많은 논쟁이 있다. 이런 한계를 알고 우리는 이 재판을 살펴봐야 할 것이다.

재판이 시작된 이유는 여러 가지를 생각해볼 수 있으나 그중 분명한 것 하나는 실제로 교황이 격노했다는 것이다. 『대화』의 머리말은 '두 이론 중 어느 것이 맞는지는 신만이 아신다.'는 표현으로 시작했지만, 결론은 천동설 지지자들을 바보로 만들고 지동설에 대한 찬양으로 끝맺는 책이었다. 우르바누스 8세가 보기에 자신에게 천동설과 지동설을 공평하게 다루겠다고 했던 갈릴레오가 전혀 다른 책을 쓴 것이며 호의를 배신으로 갚은 것이었다. 공식적인 갈릴레오의 죄목들을 정리하면 결국 벨라르미노 추기경이 1616년에 경고했던 지동설을 옹호하지 말라는 명령에 대한 위반으로 모아진다. 즉 분명한 교회의 명령을 듣고 이해했으면서도 약속을 이행하지 않았다는 것이 표면적인 죄목이었다. 그리고 재판과정에서 실제 교회가 가장 중요시했던 것은 진리에 대한 해석 권한의 문제였다. 마땅히 교회가 가져야 할 권위를 갈릴레오가 분명하게 약화시키고 있었다는 점이 교회를 불안하게 만들고 있었다. 재판까지 이어졌다는 사실 자체가 역설적으로 『대화』가 얼마나 설득력 있는 책이었는지를 잘 알려준다.

메디치 가문이 갈릴레오의 재판을 막아보려고 여러 시도를 했지만 모두 교황청에서 거부당했고, 결국 책 출간 다음해인 1633년에 갈릴레오는 로마로 소환되었다. 갈릴레오 재판은 몇 달간에 걸쳐 이루어졌다. 네 번의 재판이 있었는데 교회의 대응에 따라 갈릴레오의 대응은 계속 바뀌었다. 첫 재판에서 갈릴레오는 자신은 지동설을 가설로서 제시만 했을 뿐 절대 올바르다고 주장하지 않았다며 버텼다. 하지만 책을 읽어본 사람이라면 말도 되지 않는 변명이었다. 갈릴레오는 아직 상황 파악을 못하고 심사위원단과 재판관들을 얕잡아보고 있었던 것 같다. 아마도 이후 감금된 시간 동안은 두려움을 느낄 만한 이야기나 협박을 들었을 확률이 높다. 왜냐하면 두 번째 재판정에 나왔을 때는 태도가 완전히 바뀌어 있었기 때문이다.

두 번째 재판에서 갈릴레오는 자신의 책을 다시 읽었으며 무지와 부주의로 지동설을 옹호하지 말라는 명령을 위반했다고 인정했다. 그러면서 문제가 있는 자신의 책에 지동설이 틀렸다는 내용을 담은 『대화』5일째 내용을 추가하겠다고 제안했다. 책이 금서가 되는 상황만은 막아보려 한 것 같지만 재판관들은 이 제안을 무시했다. 3차 재판에서 갈릴레오는 고령을 감안해 선처를 부탁했고 4차 재판에서 종신형으로 최종선고가 내려졌다. 마지막 재판에서 갈릴레오는 지동설에 대한 자신의 주장을 저주하고 참회한다는 고백을 했다. 앞으로 지동설에 대해 어떠한 방법으로도 다루지 않을 것을 명령받았고, 책은 수정되는 것이 아니라 금지될 것이라고 공표되었다. 철저하게 항복을 받아낸 교회는 『대화』를 금서로 지정하고 갈릴레오는 자비롭게 가택연금형으로 감형한다며 재판을 종결지었다.

재판에서 확실하지 않은 부분도 많다. 고령이고 지위가 높아 고문 당하지는 않았지만 고문 위협이 있었을 수도 있고, 종교재판소가 재

**갈릴레오 재판**

판결과를 놓고 갈릴레오와 흥정을 벌였을 수도 있다. 이런 부분은 현재까지 아무 것도 밝혀지지 않았다. 재판정을 나오며 '그래도 지구는 돈다.'는 혼잣말을 했다는 유명한 이야기도 사실이 아닐 확률이 높다. 어쨌든 갈릴레오는 자신이 확실하게 옳다고 믿는 내용을 부정했다는 것은 분명하다. 분명히 지동설이 옳다고 확신했고 자연계에 대한 설명이 성경 해석에 의해 바뀌어서는 안 된다고 봤던 사람이 불리한 상황에 처하자 태도를 바꾼 것이다.

## 갈릴레오의 노년

갈릴레오는 재판이 끝나고 해가 바뀌고서야 어렵게 피렌체로 돌아왔다. 가택연금형이었기 때문에 저택 바깥으로 나갈 수 없고 특별한 허락이 없으면 바깥사람들을 만날 수도 없었다. 모든 것을 포기한 채 절망의 나락에서 살아가는 노인을 떠올릴 수밖에 없는 상황인데도 갈릴레오는 그렇지 않았다. 갈릴레오는 이로부터 8년을 더 살며 놀랍고 존경스러운 모습을 보여주었다. 그는 이 시기에도 업적을 쏟아냈다.

먼저 가택연금으로 방문은 제한되었지만 갈릴레오의 조언을 구하는 수많은 편지 질문들은 여전히 쏟아졌다. 갈릴레오는 자신이 아직 세상에 필요함을 느끼며 힘을 얻었고 새로운 연구를 시작했다. 지동설에 관해 언급하는 것이 금지 당했기 때문에 갈릴레오는 청년기의 연구들로 돌아가 역학을 연구했다. 이 업적은 『두 새로운 과학에 대한 논의와 수학적 논증』이라는 또 다른 역작에 정리되었다. 이탈리아 안에서 갈릴레오의 책 출판은 어려운 상황이라 이 책은 네덜란드에서 출판되었다. 이 책은 뉴턴 시기까지 역학 분야의 핵심적 참고 문헌이 되었다.

그리고 금서로 지정된 『대화』의 운명도 아이러니하다. 『대화』는 교황청의 금서목록에 오르자 오히려 전 유럽의 베스트셀러가 되었다. 특히 신교 지역의 지식인들은 더 적극적으로 이 책을 읽었다. 재

**산타크로체 교회**　갈릴레오는 현재 피렌체의 산타크로체 교회에 묻혀 있다. 종교재판소의 거듭된 반대로 죽은 지 100년 정도가 지나서야 갈릴레오는 제대로 안장될 수 있었다.

판은 오히려 갈릴레오의 유명세를 높이고 지동설이 퍼져나가는 데 큰 도움을 주었다. 재판은 갈릴레오 개인에게는 큰 고통이었지만 과학의 발전을 가로막지는 못했다.

죽기 5년 전 갈릴레오에게는 또 하나의 불행이 찾아왔다. 시력을 잃은 것이다. 노환과 시력감퇴에도 연구와 집필을 계속했지만 1637년에는 완전히 장님이 되었다. 그런데도 그의 연구는 계속되었다. 한쪽 눈을 실명한 이후에도 나머지 한쪽 눈의 시력을 잃기 직전까지 망원경을 달에 맞추며 연구를 계속했다고 한다. 두 눈이 모두 보이지 않게 되자 오직 사고실험만으로 연구가 계속되었다. 특히 이 시기 진자시계를 연구해 상당한 발전을 이루었는데 갈릴레오가 밤새워 생각한 내용을 아침이 되면 아들이 구술을 받아 적으며 연구가 진행되었다고 한다. 장님이 되고 사망하기까지 완전한 암흑 속의 5년간도 그는 연구를 멈추지 않은 것이다. 갈릴레오는 1642년에 죽었다. 종교재판소는 갈릴레오의 매장지까지 간섭했다. 허름한 교회의 뒤뜰에 묻혔던 갈릴레오의 유해는 사망 후 95년 만에야 이장될 수 있었다.

## 지동설 대중화의 기수

대중이 받아들이는 전형적인 갈릴레오의 이미지는 지동설을 주장했고, 이로 인해 교회에 의해 재판을 받았으며, 그 결과 억울하게 유죄 판결을 받은 과학자로 압축해볼 수 있다. 하지만 갈릴레오의 이런 단순한 이미지들은 너무 많은 이야깃거리를 감춰버린다. 실제 갈릴레오만큼 극적인 인생을 살다간 과학자를 찾기도 쉽지 않다. 갈릴레오는 개인사적 고난이 많았다.

수시로 경제적 도움을 요청하는 철없는 남동생이 있었고 여동생의 결혼지참금 문제까지 해결해야 했던 그는 가문의 장남으로서 너무나 많은 문제들에 노출되어 있었다. 거기다 젊은 시절의 사고로 평생 자주 앓아야 했다. 유명한 재판은 그를 사회적으로 추락시켰고, 죽기 전 5년은 장님으로 보냈다. 가톨릭교회에서 갈릴레오 재판에 대한 비판은 20세기까지 허락되지 않았다. 『대화』가 교황청 금서목록에서 풀린 것은 19세기 중반이었고 교황청이 갈릴레오의 명예를 회복시켜 준 것은 1992년이었다. 교회의 탄압도 길고 집요했다.

우리가 또 하나 주목해야 할 점은 그때나 지금이나 갈릴레오의 지동설 논증은 상당히 취약하다는 점이다. 갈릴레오의 연구내용을 볼 때 더 탁월한 것은 역학적 업적이며 굳이 현대적으로 분류하자면 그는 천문학자보다는 물리학자에 가깝다. 그럼에도 그는 재판으로 인해 천문학자의 이미지로 더 많이 각인되어 있다. 이 글에서도 지동설 혁명의 궤적을 따라 갈릴레오의 천문관찰을 주로 언급했지만 그의 실제 업적은 수학과 물리학에서 훨씬 탁월했다.

갈릴레오는 현대과학으로 가는 수많은 수학적 돌파구를 만들었다. 투사체가 그리는 포물선을 연구하고, 진자 운동에 대한 탁월한 실험들을 수행했다. 가속도와 관성 개념의 정립에 기여했고, 심지어 벡터 개념에 접근했다. 그의 시기는 방정식이나 소수를 쓰지 않았다. 데카르트, 뉴턴, 라이프니츠 시대를 기다려야 하는 좌표계, 극한, 미적분의 개념은 당연히 없었다. 그런데도 사실상 문장과 고대 기하학만 사용해서 이 모든 업적을 이루었다. 이 매력적인 인물의 일생은 '망원경', '메디치', '재판'이라는 키워드를 따라 16~17세기의 이탈리아의 역사적 상황을 이해할 때 훨씬 흥미진진할 수 있다. 갈릴레오가 죽던 해에 영국에서는 뉴턴이 태어났다. 그리고 뉴턴은 갈릴레오의 뒤를 이어 지동설의 승리를 확정하고 과학혁명을 완성시켰다.

# 메디치 가문과 메디치 효과

메디치 효과(Medici effect)는 전혀 다른 분야의 결합이 획기적인 아이디어를 만들어 내거나 뛰어난 생산성을 가져오는 현상을 가리키는 표현으로 주로 경영분야에서 많이 사용한다. 일상적으로는 여러 분야의 인력들이 교류하며 협업한 결과, 창조적 혁신의 전성기를 맞이하는 현상을 '메디치 효과'라고 한다. 그리고 학문에 있어서 후원의 중요성을 강조하는 말로도 쓰인다. 실제로 메디치 가문은 그런 현상들의 대표가 될 만한 일을 해냈다.

**피렌체**  메디치 가문이 지배하는 도시였던 피렌체는 오늘날에도 예술품의 도시로 유명하다.

15세기와 16세기에 메디치 가문은 시대를 디자인했다고 해도 과언이 아니다. 프랑스 왕이 메디치 가문에서 돈을 빌려 전쟁을 할 정도로 그 부는 엄청났다. 두 명의 교황과 프랑스 왕비를 배출했고 차지한 영토와 인구의 규모가 작았음에도 엄청난 부를 바탕으로 유럽정치에 영향력을 행사했다. 메디치 가문의 치세는 350년 가까이 지속되어 웬만한 왕가보다 긴 역사를 가진다. 그런 메디치 가문이 후원한 학자, 예술가, 장인, 상인들의 수는 헤아릴 수 없이 많다. 그리고 그들이 교류할 수 있는 소통의 장을 만들고 금전적·정치적으로 후원했기 때문에 르네상스의 전성기는 피렌체에서 꽃필 수 있었다. 레오나르도 다빈치, 미켈란젤로, 단테, 마키아벨리, 그리고 갈릴레오가 메디치 가문의 후원을 받은 대표적 사례들이다.

# 4장

# 과학혁명의 확산

# 1

# 베이컨과 실험

## 천문학 바깥으로 확산된 과학혁명

코페르니쿠스, 케플러, 갈릴레오 등에 의해 지동설혁명이 진행되는 시기, 천문학과 역학 이외의 다른 영역에서도 과학혁명은 눈부시게 진행되었다. 그중 가장 대표적인 사례들을 언급한다면 베이컨과 데카르트의 작업들, 생리학에서 혈액순환이론의 성립, 과학단체의 등장을 들 수 있다. 베이컨과 데카르트가 제시한 과학적 방법론들은 케플러나 갈릴레오 등의 개인적으로 행했던 방법론들이 이제 과학연구의 공식적인 과정으로 공신력을 얻게 되는 모습을 보여준다. 혈액순환이론의 성립과정은 지동설의 대두 과정에서 볼 수 있는 수학적 접근 과정이 다양한 분야에서 일반적 연구방법으로 정착해가는 과정을 알려준다. 그리고 과학단체의 출현은 이제 과학이 제도화되면서 지속적이면서 빠른 속도로 발전할 수 있는 방법을 가지게 되었음을 의미한다. 이런 모든 변화의 끝에 뉴턴의 거대한 종합이 발생했다. 그 결과 탄생한 과학은 결국 우리가 과학문명이라고 부르는 현대를 잉태하게 된 것이다.

케플러와 갈릴레오의 사례에서 살펴볼 수 있었던 것처럼, 17세기 초가 되면 특히 천문학과 역학 분야에서 새롭고 분명한 방법으로 학문적 발전이 진행되는 것은 누구도 부인할 수 없는 분위기가 되었다. 그렇다면 그 새로운 방법의 특징은 무엇일까? 중세적 학문들과 어떤 점에서 차이가 나는 것일까? 르네상스와 과학혁명의 진행과정에서 살펴볼 수 있는 뚜렷한 공통점이 있다. 레오나르도 다빈치 같은 르네상스의 선구자들은 장인이면서도 해부학, 광학, 기하학 같은 학문적 연구를 진행했고 그 결과 놀라운 예술작품들을 남길 수 있었다. 한편 갈릴레오 같은 과학혁명의 선구자들은 학자이면서도 망원경이나 현미경 같은 실험도구들을 직접 만들고 원근법에 기초한 그림을 정교하게 그려내면서 장인의 방법을 사용했고 그 결과 뛰어난 업적을 완성할 수 있었다. 르네상스와 과학혁명 기간에 뚜렷하고 분명하게 나타난 현상은 전혀 연관 없이 발전해온 장인적 전통과 학문적 전통, 즉 기술과 학문의 분리가 서서히 무너졌다는 것이다. 그리고 오늘날에는 이렇게 학문을 연구하면서 장인인—기술을 사용하고 실험을 하는—사람들을 일컬어 과학자라고 부르고 있다. 다시 말해 17세기

청소년을 위한 과학혁명

는—아직 과학이라는 단어조차 없었지만—한 마디로 '과학'이 탄생한 시기로 볼 수 있다.

천문학과 역학의 성공을 본 다른 분야의 학자들은 이 새로운 연구 방법을 자신들의 분야로 통합해 발전시키려고 했다. 물론 처음부터 새로운 방법의 본질이나 잠재력이 뚜렷이 인식되지는 않았다. 하지만 점차 새롭게 등장한 지식이 지닌 설명력과 응용력이 뭔가 독특한 '방법'에서 비롯된 것임을 확신한 학자들이 등장하기 시작했다. 그들은 스스로 그 방법론을 체계적으로 정리해서 이후 새로운 시대 학문의 표준적 방법론을 만들려 했다.

그 대표로 소개될 수 있는 사람들로 프랜시스 베이컨(Francis Bacon, 1561~1626)과 르네 데카르트(René Descartes, 1596~1650)가 있다. 흔히 베이컨은 영국 경험론(empiricism)의 대표적 철학자로, 데카르트는 대륙 합리론(rationalism)의 대표적 철학자로 간단히 소개된다. 하지만 과학사에서 이 두 사람의 업적은 그 이상으로 중요하다. 그들은 근대 과학의 방법적 기초를 이론적으로 정립하기 위해 노력했던 사람들이다. 대조적인 두 학자의 작업은 뉴턴을 거쳐 융합되면서 우리가 과학이라고 부르는 학문의 방법론을 만들게 된다.

## 베이컨의 생애

16세기 코페르니쿠스 시기의 학자들은 자신들이 고대인들의 지혜를 흠모하고 있으며 자신의 주장은 고대인들의 주장과 유사하다고 주장하며 비교적 부드럽게 상대방을 설득했다. 하지만 17세기가 되면 유럽의 진보적 학자들은 자신들이 고대인을 넘어섰다고 주장하며 뚜렷이 새로운 목소리를 내기 시작했다. 베이컨은 이런 자신만만함을 표출했던 대표적 인물이었다. 베이컨의 자신감은 그를 둘러싼 환경으로 보아 당연한 것일 수 있다. 베이컨은 갈릴레오보다 세 살 위로 두 사람은 똑같은 시대를 살았다. 하지만 당시 영국은 이탈리아와 상황이 많이 달랐다.

베이컨이 성장한 엘리자베스 시대 영국은 스페인 무적함대를 격파하고 장차 강력한 세계제국으로 성장할 기틀을 다진 시기였다. 영국의 상업망은 세계로 뻗어갔고 셰익스피어의 희곡들도 이 시기에 나와서 영국의 문화 수준을 높였다. 더구나 베이컨은 최상류 계층에서 출생했다. 부친은 엘리자베스 여왕의 궁내대신이었고, 대대로 유력 인물을 배출한 귀족 가문에서 베이컨은 태어났다. 본인 스스로는 22세

**프랜시스 베이컨** "아는 것이 힘이다"는 그의 명언은 잘 알려져 있다.

청소년을 위한 과학혁명

에 하원의원이 되었고 세 차례 국회의원으로 선출되었다. 이후 제임스 1세의 치하에서 대법관의 지위까지 올랐다. 이런 이력을 가진 사람이 자신감으로 충만한 것은 어쩌면 당연한 일이었다. 하지만 이후 뇌물수수 혐의로 실각해서 고향에 내려와 5년여를 저술에 전념하다 죽었다.

베이컨은 평생에 걸쳐 많은 글을 남겼다. 대표자으로는 『하문의 숙련과 진보(proficiency and advancement of learning)』(1605), 『신논리학(novum organum)』(1620), 『새로운 아틀란티스(the new Atlantis)』(1627)가 있다. 새로운 과학적 방법론에 대해 치밀한 설명은 『신논리학』에 나온다. 베이컨은 『신논리학』에서 유명한 네 가지 우상에 대해 얘기했다. 이 우상(偶像, Idola, False Form)들은 자연에 대한 올바른 인식을 방해하는 모든 선입견과 편견들이며, 우리는 이 우상을 버려야만 자연을 올바르게 이해할 수 있다. 베이컨은 우상 4가지를 하나하나 열거하며 그 폐단을 지적한 뒤 해결책을 제시했다. 이 설명은 결국 오늘날 우리들이 일반적으로 떠올리는 과학의 방법론이 되었다.

## 네 가지 우상

네 가지 우상은 종족(種族)의 우상, 동굴(洞窟)의 우상, 시장(市場)의 우상, 극장(劇場)의 우상이다.

첫째, 종족의 우상은 우리가 인간이라는 종족으로서 가지는 한계를 의미한다. 예를 들어 우리는 개나 고양이보다 훨씬 제한적인 냄새만 맡는다. 우리의 눈은 벌이나 물고기와는 다르게 사물을 바라본다. 이렇게 우리의 감각은 분명하게 제한적인데도 우리는 우리의 감각을 과도하게 믿는다. 또 우리는 욕망에 이끌려 스스로에게 도움이 되지 않는 일을 한다. 흡연, 음주, 도박 중독, 과도한 성적 탐닉 등의 유해성을 알면서도 감정과 욕망 때문에 이런 위험한 일들을 반복한다. 즉 종족의 우상은 인간이기에 가지는 감각의 불완전성, 이성의 한계, 감정과 욕망의 영향 등으로 만들어진다.

그렇다면 종족의 우상은 어떻게 극복할 수 있을까? 당연히 감각보다는 이성을 사용해야 하는데 특히 감각의 불완전성을 보충할 수 있는 좋은 방법은 실험기구를 사용하는 것이다. 몸으로 물의 온도를 감각적으로 느끼는 것보다는 수온계를 사용하는 것이 훨씬 효과적이다. 도구의 사용이 종족의 우상이 발생하는 것을 차단하는 중요한 방법이 되는 것이다.

둘째, 동굴의 우상은 개인적인 주관과 선입견의 문제다. 특정한 개인별로 나타나는 우상이다. 보통의 경우 천성, 성장환경, 신체조건, 교육 등에 따라 각 개인은 저마다 다양한 판단기준을 세운다. 그러다가 자신이 좋아하는 것과 옳은 것을 구분하지 못하고 엉뚱한 판단을 하게 되는 경우도 많다. 그래서 그냥 두면 자신의 편견을 진리라고 오해하게 된다.

이런 동굴의 우상은 어떻게 극복할 수 있는 것일까? 동굴의 우상은 대화와 경청에서 시작된다. 나와 다른 성장환경과 생각을 가진 사람과의 대화야말로 동굴의 우상에 빠지지 않는 중요한 방법이다. 즉여러 사람들의 집단에 의한 협동연구와 상호비판이 필요한 것이다. 그래서 베이컨은 조직적이고 집단적인 과학연구가 필요하다고 주장했다. 또한 그 조직은 클수록 좋고 베이컨은 이 조직이 국가단위를 넘어 국제적이어야 한다고 봤다. 이 생각은 오늘날 거대한 국제적 협동연구들로 실현되어 있다.

셋째, 시장의 우상은 정보 전달과정의 문제를 지적한 것이다. 동굴의 우상을 극복하고 올바른 연구를 한다 해도 그 내용을 남에게 언어로 전달할 때 문제가 발생할 수 있다. 즉 시장의 우상은 인간의 언어, 문자, 부호 같은 것들 때문에 발생한다. 특히 '시원하다'거나 '아름답다'는 형용사적 표현은 많은 문제를 야기시킬 수 있다. 상대가 내 말을 듣고 내가 생각한 것과 똑같이 시원하거나 아름답게 느낀다는 보장이 없는 것이다. 즉 언어 자체의 한계가 시장의 우상이다.

그렇다면 시장의 우상을 극복하기 위해서는 무엇이 필요할까? 그해법은 간단하다. 베이컨은 대화가 아니라 재연실험을 할 것을 제안했다. 입으로가 아니라 실제로 행한 똑같은 실험은 모두가 동의할 수있는 똑같은 결과를 보여줄 것이기 때문이다.

넷째, 극장의 우상은 기존 학문체계나 학파의 이론을 미리 받아들임으로 생기는 폐단이다. 특정 주장에 심취한 사람들은 자연현상을 있는 그대로 보지 않고 자신이 속한 학문이나 학파의 설명에 억지로 사실을 끼워 맞추려 한다. 이런 극장의 우상이 나타나지 않도록 하는 방법도 분명하다. 특정한 이론을 전제하고 증명하려는 실험이나 관찰은 그 시각 자체가 결론에 왜곡을 가져오게 된다. 베이컨은 특정 이론이나 체계를 전제하지 않고 섣부른 판단을 유보하면서 중립적으로 철저한 귀납적 방법을 사용하는 것을 해결책으로 보았다.

베이컨은 네 가지 우상을 제시하며 기존 학문들을 철저하게 비판했다. 먼저 연금술과 마술은 동굴의 우상에 물들어 있는 것이다. 신비주의로 흘러 체계적인 교육이 불가능해 발전하지 못한 대표적 사례들이다. 그들의 방법들은 상호검증에 의한 비판이 불가능하다. 원자론의 경우는 극장의 우상에 물들어 있다고 봤다. 이미 원자론을 옳다고 전제하고 바라보고 있으니 그렇게 보일 뿐이라는 것이다. 수학은 지식을 얻기 위한 수단이지 진리 자체가 아닌데 수학만을 위한 수학이 되어버려 사실과는 거리가 멀어졌다고 했다. 아리스토텔레스 이론들은 문제가 심각해서 실제와 거리가 멀고 네 가지 우상 모두에 물들어 있다고 봤다.

베이컨은 이런 식으로 모든 고대지식과 기존학문들을 비판했다. 그리고 올바른 방법으로 학문을 추구할 경우에만 진리를 얻을 수 있다고 강조했다. 베이컨은 이렇게 네 가지 우상을 열거하면서 폐단을 하나하나 지적하고, 이를 토대로 기존 학문체계를 비판했으며 우상을 타파할 수 있는 해결책까지 제시했다. 그 해결책을 요약하면 실험과 귀납적 방법론에 의한 학문연구다. 한 마디로 표현하면 바로 오늘날 우리가 과학적 방법론이라고 부르고 있는 것들이다.

## 경험의 옹호자 베이컨

베이컨은 자연에 대한 앎 자체가 목적이라고 본 아리스토텔레스와는 확연히 구분되는 학문관을 가졌다. 그는 올바르게 자연을 이해하고 이에 바탕해 자연을 지배하는 것은 인간에게 부과된 신의 명령이라 보았다. 그래서 우리 실생활을 개선하기 위해 과학의 힘을 빌려야 하고, 자연을 지배하고 통제할 것을 강조했다. 자연정복이라는 과학탐구의 궁극 목적을 제시한 것이다. 그런 선언을 따라 이후 유럽은 실제로 많은 것을 얻었고 세계를 재패했다. 하지만 환경오염과 현대 사회의 수많은 모순들도 뒤따라 나타났다.

새로운 학문의 특성에 대한 베이컨의 강조점은 실험, 자연에 대한 조작, 집단 연구, 귀납법으로 요약될 수 있다. 진리를 찾을 때 준수해야 할 방법과 절차가 있는데 그것이 바로 '실험적 방법'이다. 하지만 그렇다고 순전히 경험적이고 장인적인 지식만으로는 안 된다. 일반화 가능한 형태로 실험적 방법은 체계화되어야 한다. 또 자연에 대한 지식은 자연에 대한 사용을 목표로 해야 한다. 자연을 이해하려는 노력은 궁극적으로 자연을 지배하고 인류에게 유익을 가져다주기 위한 것이어야 한다. 그래서 자연에 대한 관찰과 통제는 병행되어야 한다. 또한 맹목적 관찰과 실험은 의미가 없다. 실험 관찰의 구체적 결과들이 사물의 본성에 관한 일반원리로 연결되지 못하면 학문적 탐구는 미완성으로 끝나게 된다. 장인전통과 학문전통의 융합을 강조했다. 그리고 이런 모든 작업들은 또한 집단적으로 진행되어야 한다. 과학지식은 소수의 천재들에 의해 만들어지는 것이 아니라 일정한 절차와 방법으로 만들어진다. 그래서 일정한 목적으로 단결한 과학자 집단에 의해서만 효과적으로 수행될 수 있다.

베이컨이 말하는 자연에 대한 올바른 지식은 자연에 대한 올바른 이해와 진리만이 아니라 자연의 지배와 인류의 복지증진을 동시에 의미하는 것이었다. 베이컨은 인간의 자연 지배를 합리화했다. 그 과정에서 과학의 '힘'을 지나치게 강조했고, 효용성만을 과학의 본질로 보았다. 성과주의에 치중한 과학관이 현대에 만연한 것도 베이컨에게 상당한 책임이 있다.

베이컨은 법관이자 정치가였던 사람이지 직업적인 학자가 아니었다. 그래서 당대의 수학을 깊이 이해하지도 못했고 형이상학에 관심을 가질 시간 여유도 없었다. 케플러나 갈릴레오 등의 17세기 학자들의 업적도 전혀 이해하지 못했다. 아마도 과학과 학문을 도구로서 바라보는 그의 생각들은 그런 이유로 만들어졌을 수 있다. 베이컨은 구체적인 학문적 업적을 남기지 못했지만 그가 주장한 방법론들의 파급력은 컸다. 후일 영국의 왕립학회는 베이컨이 제시한 실험과 토론, 귀납적 방법론을 모범으로 삼았다. 18세기에 프랑스 계몽주의 학자들은 백과전서를 만드는 거대한 작업을 마친 뒤 이를 베이컨에게 헌정했다. 또 베이컨의 작업은 홉스, 로크, 벤덤 등 많은 근대 사상가들의 생각에도 영향을 미쳤다. "창조주는 우리에게 이 세계만으로는 만족하지 못하는 영혼을 주었다."고 말한 베이컨에게 있어 자연 지배를 통한 문명의 확장은 우리의 자명한 운명이자 신이 준 사명이었다.

# 2

# 데카르트와 기계적 철학

데카르트의 활동 영역은 베이컨만큼이나 넓다. 하지만 차이가 있다면 직업적 학자였던 데카르트는 방법론만 제시한 것이 아니라 철학, 수학, 과학의 세부 학문 분야에서 구체적 업적도 많이 남겼다는 점이다. 특히 데카르트는 오늘날 우리가 쓰고 있는 일반적인 수학 표기법을 만들었다. $x, y, z$ 등을 미지수로 사용하는 것이나, x의 제곱을 간단히 $x^2$으로 표시하는 것 등은 모두 데카르트가 만든 것이다. 그리고 그는 방정식을 기하학적 도형으로 표현할 수 있는 데카르트 좌표계를 도

**르네 데카르트**  '나는 생각한다, 따라서 존재한다.'는 유명한 말로 데카르트는 우리에게 잘 알려져 있다.

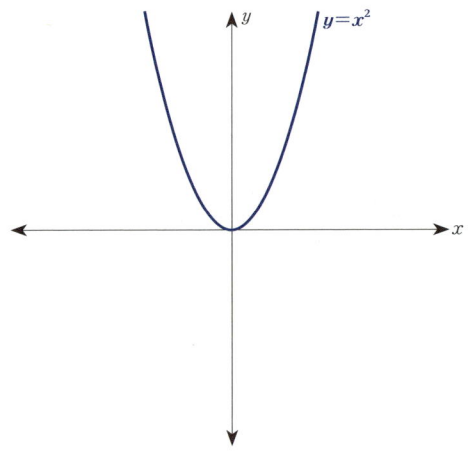

**데카르트 좌표계**　우리는 $y=x^2$이라는 방정식을 위와 같은 그래프로 표현할 수 있다. 이 모든 방법과 방정식적 표기법 자체를 만든 사람이 데카르트다.

입했다. 그는 우리가 익숙한 현대적 수학방법론의 선구자였다. 새로운 과학활동을 낙관적으로 바라봤다는 점에서 데카르트는 베이컨과 비슷하다. 하지만 그 새로운 과학활동의 특성에 대한 강조점은 베이컨과 많이 달랐다.

## 데카르트의 생애

데카르트는 1596년 유복한 프랑스 법관 집안에서 출생했다. 하지만 어머니는 데카르트가 돌이 지났을 때 사망했다. 더구나 허약했던 데카르트는 자주 앓았는데, 이 때문에 방안에서 혼자 조용히 생각하는 습관을 가지게 되었다고 한다. 기숙학교 시절 병약했던 데카르트는 늦게 자고 늦게 일어나도 된다는 허락을 공식적으로 받았다. 이때부터 데카르트는 평생 늦잠을 자고 잠이 깬 후에는 오랫동안 홀로 생각을 정리하는 생활습관을 가지게 되었다. 대학에서 법학을 전공한 뒤에는 특이한 직업을 선택했다. 용병이 된 것이다.

후일 철학자가 된 사람으로는 놀라운 선택으로 보일 수도 있지만 데카르드는 유럽 여기지기를 여행하며 많은 건문을 얻기 위헤 이 직업을 선택했던 것 같다. 실제로 데카르트는 군대에서 건축학과 수학을 배웠고 몇 년간의 용병생활 동안 30년 전쟁의 초기 상황을 생생하게 목격할 수 있었다. 제대 후에도 유럽 여행을 계속해서 대학 졸업 후 9년간의 젊은 시절을 여행하며 다닌 셈이었다. 데카르트는 젊은 시절 자신의 이런 경험들이 관습을 맹신하지 않게 해주고 책만으로 진리를 찾기 어렵다는 것도 알게 해주었다고 했다. 이후 데카르트는 네덜란드로 이주해 20여 년 동안 학문에 전념하며 많은 저술을 남겼다. 유명해진 이후 스웨덴의 크리스티나 여왕이 궁정 철학자로 초청하게 되는데 스웨덴에 간지 몇 달이 지나지 않아 데카르트는 폐렴으로 죽는다. 불과 54세의 젊은 나이였다.

데카르트의 많은 저서들은 17~18세기에 걸쳐 의심 받고 탄압 받았다. 데카르트의 책은 모두 교황청의 금서목록에 올랐고 프랑스의 루이 14세는 아예 데카르트 철학을 금지했다. 그만큼 데카르트 철학은 권력자들에게 위험하게 보인 것이다. 19세기가 되어서야 데카르트의 생각들은 근대철학의 시작점으로 제대로 평가받고 그가 제시한 방법론들은 현대 학문의 토대로 인정될 수 있었다.

## '나'를 발견한 데카르트

데카르트 업적의 핵심을 잘 대표하는 것은 바로 '나는 생각한다, 따라서 존재한다.'는 데카르트의 유명한 말이다. 데카르트가 이 말을 남긴 이유는 당시의 시대성과 연관되어 있다. 과학혁명이 진행되고 정보가 폭발적으로 증가하면서 지식인의 가장 중요한 책임은 다양한 정보를 통일성 있게 비판하며 옳고 그름을 가리는 것이 되었다. 하지만 정보량은 폭발적으로 증가했다. 르네상스 시대 이후 급증한 정보의 홍수 속에서 신뢰할 수 있는 판단 기준을 찾으려는 여러 시도들이 실패했다.

그렇게 17세기가 되었을 때는 신뢰할 수 있는 진리는 어차피 찾을 수 없을 것이라는 극단적 회의론들이 만연해 있었다. 역설적으로 너무 많은 지식이 지적 권위가 없는 지식의 위기를 만든 것이다. 데카르트는 바로 이런 상황을 해결하고자 했다. 즉 사실상 모든 학문이 신뢰할 수 있는 확실하고 체계적인 연구방법론을 제시하겠다는 거대한 목표를 세운 것이다.

그래서 데카르트는 확실하지 않은 모든 방법론을 제거해 나갔다. 데카르트는 이성 이외의 다른 모든 수단은 신뢰성이 없는 것으로 배제했다. 믿음이나 계시 같은 것은 위험한 것들이며 이성적인 논증에 철저하게 사라져야 할 것들이었다. 신앙이나 마술 같은 것은 당연히 모두 배척했다. 더 나아가 베이컨이 강조했던 경험적인 관찰과 실험, 귀납법도 결과의 확실성을 보장하지 못하는 방법들이었기 때문에 쓸모없는 것으로 보았다. 그러면 무엇이 남았을까?

데카르트는 연역적 사고는 전제가 가진 확실성을 그 결론까지 전달해준다는 점에서 사용해도 좋은 방법이라고 결론 내렸다. 하지만 연역법의 문제는 바로 그 최초 전제의 확실성을 어떻게 알 수 있는가하는 문제가 발생한다. 그러면 어떻게 확실한 생각의 출발점을 찾을 수 있을까? 여기서 데카르트는 회의론자들이 주장하던 바로 그 '회의'를 극단까지 진행시키는 방법을 사용했다. 쉽게 말해 모든 것을 남김없이 의심해보는 것이다. 자신이 '방법적 회의(方法的 懷疑, methodical doubt)'라고 부른 이 체계적인 의심을 통해 회의의 여지가 조금이라고 있는 주장은 모조리 거부해 나갔다.

먼저 우리의 감각경험을 의심해볼 수 있다. 어떤 신이나 악마가 우리의 감각을 속이고 있다고 생각해보자. 존재하지 않는 것을 보게 하고 듣게 할 수 있을 것이다. 그렇다면 시각, 청각, 촉각, 미각, 후각 등의 오감이 모두 환상에 불과한 것일 수 있다. 감각적 증거에 의존하는 외부세계 모두가 일단 부정되어야 한다. 심지어 감각하는 우리 육체가 있는지도 의심할 수 있다. 그렇게 끝없는 회의와 부정을 계속하다 보면 물질적인 모든 것은 불확실한 것이 된다. 심지어 확실해 보이는 수학적 지식조차도 어떤 강력한 존재가 '2+2=5'라고 믿게 만들었다면 수학지식도 의심할 수밖에 없다. 하지만 한 가지 남길 수밖에 없는 것이 있다. 바로 그 속고 있거나 모든 것을 부정 중인 '나'의 생각은 존재한다는 사실이다.

"나 스스로가 나는 존재한다고 생각하면서도 존재하지 않게 하는 것은 불가능하다."

지독하고 철저한 의심과 부정 속에서 데카르트는 확실한 것을 찾아냈다. 놀랍게도 그것은 바로 '나'였다. 생각하는 나의 존재만큼은 더 이상 의심의 여지없이 확실한 것이다. 갑자기 '나'는 우주에서 가장 중요한 존재가 되었다. 이 결론은 어떠한 경험의 간섭도 받지 않은 결론으로 절대 확실한 지식으로서 연역적 사고의 출발점으로 규정되었다. "나는 생각한다. 따라서 나는 존재한다."는 선언은 극단적 회의에서 출발해 찾아낸 지식획득에 대한 강력한 낙관이었다. 그리고 자아의 확실성에 대한 데카르트의 생각은 개인의 중요성을 일깨우고 오늘날 인권사상과 개인주의의 기초가 되었다.

## 심신이원론과 기계적 철학

그 다음 데카르트는 정신과 물질의 철저한 분리로 나아갔다. 이 생각을 심신이원론(心身二元論, mindbody dualism)이라고 부른다. 심신이원론은 마음과 물질의 세계는 전혀 다른 것으로 뚜렷하게 구분된다는 생각이다. 정신의 근본은 생각이며 나눌 수 없는 것인데, 물질의 근본은 크기와 운동이며 나눌 수 있는 것이다. 물질은 정신과 달라서 크기를 가지고, 기하학적 공간에 위치한다. 그래서 수학으로 다룰 수 있다. 이 해석도 성공적이어서 이후 사람들은 영혼과 육체, 정신과 물질을 완전히 별개의 것으로 바라보기 시작했다.

그리고 과학은 기본적으로 물질만을 다루는 것으로 인식하기 시작했다. 우리가 '영혼의 무게나 속도는 얼마인가?' 같은 질문을 이상하게 느끼는 것은 그만큼 데카르트의 해석에 강하게 영향 받고 있기 때문이다. 잘 느끼지 못하는 사이에 우리 생각 속에는 데카르트가 확립한 개념들이 판단기준으로 자리 잡고 있다. 데카르트가 마음과 물질을 완전히 분리시킴으로써 이후 물질세계는 죽은 물질덩어리로 보는 시각이 확립되었다. 그리고 이후 19세기가 되면 더 나아가 정신조차도 물질로서 설명될 수 있다는 생각이 훨씬 강해졌다. 데카르트의 생각들은 이렇게 무신론적이고 유물론적인 생각들에 큰 힘을 실어 주었다. 교황청이 데카르트의 책들을 위험하다고 본 것은 정확한 판단이었다.


또 데카르트의 심신이원론에서 필연적으로 나올 수밖에 없었던 것이 바로 기계적 철학이다. 대자연과 우주를 하나의 기계로 보는 관점이다. 물질과 공간으로 이루어진 우주는 기하학적 공간 속 물질 입자들로 좌표화가 가능하다. 그래서 모든 현상은 입자의 운동과 충돌, 탄성으로 설명 가능한 것이다.

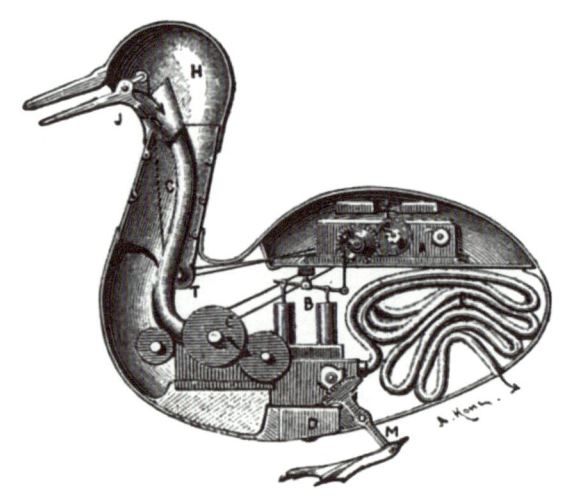

**생명체도 기계로 본 데카르트주의에 대한 풍자그림**

그렇다면 우리가 느끼는 감각들은 어떤 것인가? 데카르트가 보기에 '푸르다', '빨갛다', '뜨겁다' 등의 표현은 자연세계의 본질이 아니다. 색, 열, 냄새 같은 것은 물체의 본질일 수 없다. "바늘에 찔렸을 때 고통을 느낀다고 고통이 바늘에 내재해 있는가? 고통은 우리의 정신에 있다."라는 것이 데카르트의 해석이었다. 현실은 기계적 운동만으로 충분히 설명될 수 있었고 그래야만 했다. 감각적 표현, 즉 형용사적 표현은 물질세계를 표현하는 데 아무 쓸모가 없는 것들이다. 이제 데카르트는 과학에서 형용사를 제외시킨 것이다. 이후 과학은 크기, 속도, 질량 등 수치화 가능한 표현들로만 이루어지게 되고 형용사로 표현하는 것은 비과학적인 방법이 되었다.

또 데카르트에게 동물도 인간의 몸도 기계일 뿐으로 죽어 있는 것이었다. 특별한 것은 오직 인간의 자아 혹은 영혼뿐이다. "동물은 본성상 정신을 전혀 갖고 있지 않고 기관의 배치에 따라 작동한다." 개나 고양이도 죽어 있는 물질기계일 뿐이었다. 이런 식의 데카르트적 설명법은 크게 성공했다. 현대과학은 열을 분자의 운동으로 설명한다. 심장은 기계부품처럼 바꿔 끼운다. 혈우병과 색맹은 DNA상 특정 염기의 기계적 결합의 결과로 설명된다. 데카르트의 기계적 철학에 의해서 자연은 여러 부품으로 이루어진 기계가 되었다.

17세기 유럽의 학문은 수많은 새로운 발견과 학문적 진전들이 쏟아졌지만 이것을 담아낼 그릇이 없었다. 치열한 고민 속에 나온 데카르트의 기계적 철학은 적절한 대안으로 보였다. 데카르트의 방법들은 과학연구의 기초가 되었을 뿐만 아니라 세계 학문의 방향 자체를 바꿨다. 데카르트가 제시한 틀 속에서 인류는 현대문명을 쌓아 올렸다. 예를 들어 생각하는 자아가 강조되었기에 민주주의는 올바른 정치제도로 받아들여졌다. 한편 데카르트적 합리성은 기술중심주의와 개인주의적 이기성도 낳았다. 쓸모없는 노동자를 해고하고, 임금을 삭감하면서 구조조정이라 부르는 것은 노동자를 '죽어 있는 물질자원이자 예측 가능한 기계'처럼 바라보는 것이다. 효율과 잔인함이라는 양날의 검이 데카르트 철학의 결과였다.

## 베이컨과 데카르트가 만든 세계

베이컨에게 지식은 감각으로 접근가능하고 감각의 한계를 보완할 보조장치들이 있으면 좀 더 명확한 지식에 도달할 수 있는 것이었다. 그래서 실험 도구가 필요하고 오류를 교정하기 위해 다른 사람들의 객관적 비판이 중요하다. 자연에 대한 이해를 바탕으로 자연을 지배하는 것이 인류의 사명이라는 베이컨의 생각은 이후 유럽 문명의 방향을 결정했다.

데카르트에게 감각 정보는 아무리 교정해도 믿을 수 없는 것이었다. 경험은 오류가 있을 수 있기에 귀납법은 그리 중요한 것이 아니었다. 그에게 올바른 방법론은 수학적 연역이었다. 근대사상의 아버지로 불리게 된 데카르트는 생각하는 나와 기계로서의 우주를 강조했다. 자아에 대한 주목은 개인의 강조를 낳았고 인권의 개념으로 이어졌다. 기계적 철학과 수학적 세계관의 옹호는 수많은 현대기술문명의 이기들을 만들어냈다.

두 사람 모두 올바른 방법만 지킨다면 분명한 진리에 도달할 수 있다고 믿었다. 이 세상의 편견을 버리는 방법을 알아야만 우상으로부터 벗어나 진리에 다가갈 수 있다고 본 점도 같았다. 과학의 힘을 빌려 자연을 지배하라고 선언한 베이컨과 데카르트는 자연에 대한 앎 자체가 목적이라고 보았던 아리스토텔레스의 지식관과는 뚜렷이 구분되는 분기점을 만들었다. 그리고 두 사람이 각각 강조했던 실험과 귀납, 수학적 연역은 뉴턴에 이르러 인상적 방법론으로 통합되며 과학의 이미지로 선명하게 각인되었다.

# 3

# 생리학의 혁신, 하비와 혈액순환론

과학혁명기에 생리학에서도 중요한 혁신이 있었다. 이 시기 혈액순환이론이 확립된 것이다. 우리들은 심장에서 혈액이 빠져나간 뒤 다시 심장으로 돌아온다는 것을 알고 있다. 하지만 인류가 이 사실을 안 지는 불과 몇 백 년밖에 지나지 않았다. 영국의 의사였던 윌리엄 하비가 1628년에 출간한 책 『심장과 혈액의 운동에 관하여』에 처음으로 혈액순환 이론이 제시되었다. 하비의 혈액순

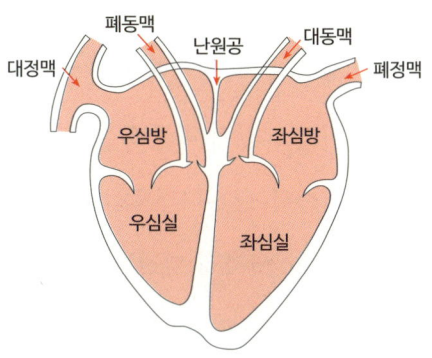

**심장의 구조도**  대정맥을 통해 우심방으로 들어온 피는 우심실을 거쳐 폐동맥을 통해 폐로 이동한다. 그러면 이산화탄소를 버리고 산소를 받아 깨끗해진 피가 폐정맥을 통해 좌심방으로 다시 돌아오게 된다. 이 피는 좌심실을 거쳐 대동맥으로 나간 뒤 온 몸에 공급되고 다시 정맥의 흐름을 통해 심장으로 돌아오게 된다. 이 과정이 밝혀지기까지는 많은 사람들의 오랜 시간과 노력이 필요했다.

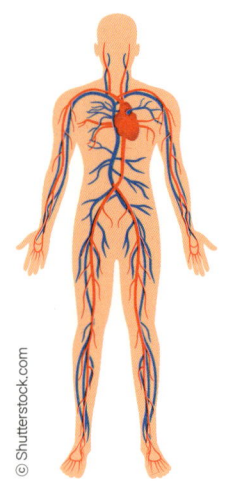
© Shutterstock.com

**정맥과 동맥** 혈관은 몸의 말단으로 갈수록 가늘어지고 결국 끊어진다. 육안 관찰의 결과는 혈액이 순환할 수 없는 것으로 보는 게 자연스럽다. 혈액순환을 직접적으로 입증할 수 있는 것은 동맥과 정맥을 연결하는 모세혈관을 관찰해야만 가능하다. 하지만 하비 시절에는 모세혈관의 관찰이 불가능했다. 그런데도 하비는 다른 방법으로 혈액순환이론을 제시했다.

환이론을 알아보기 전에 먼저 생각해볼 것은 그렇다면 그 이전 사람들은 어떻게 알고 있었던 것일까에 관한 것이다.

17세기까지 사람들은 심장에서 나간 피는 몸의 각 부분에서 소모되어 사라진다고 보았다. 이 설명은 고대 로마의 의사 갈레노스가 제시한 것이다. 갈레노스의 체계화된 이론에 입각한 의술이 상당한 효과가 있었기 때문에 그의 의학이론은 17세기까지 서양 의학계를 지배했다. 그렇다면 하비는 이 고대의 주장들을 어떻게 비판할 수 있었을까? 새롭게 발전하고 있는 해부학의 결과를 활용한 것일까? 하지만 당시 아무리 해부를 한다 해도 혈액순환의 증거는 찾을 수는 없었을 것이다.

관찰결과는 오히려 갈레노스의 이론이 옳다는 증거로 보인다. 먼저 혈관은 심장에서 나가서 몸의 각 부분으로 진행하면서 점점 가늘어진다. 그리고 마침내 나뭇가지처럼 끊어진다. 이런 사실들은 심장

에서 나간 피가 몸의 각 부분에서 소모
되어 사라진다는 것을 잘 뒷받침해주고
있었다. 실제로는 끊어진 것처럼 보이
는 동맥과 정맥의 말단이 눈에 보이지
않는 모세혈관으로 이어져 있고 이곳
을 통해 동맥으로 나간 피는 정맥을 통
해 심장으로 돌아오게 된다. 문제는 당
시 현미경의 배율로는 모세혈관의 관찰

**윌리엄 하비**

이 불가능해 동맥과 정맥이 연결된 증거를 제시할 수 없었다는 점이
다. 하비는 해부학과는 다른 방법으로 혈액순환이론을 제시할 수 있
었다.

　1578년생으로 케플러, 갈릴레오, 베이컨 등과 동시대인이었던 윌
리엄 하비는 케임브리지에서 수학한 뒤 당시 의학의 중심지였던 이
탈리아 파두아 대학에 유학하여 의학 학위를 받았다. 귀국한 후 런던
왕립 의과 대학에서 가르치다가 이후 국왕 제임스 1세와 찰스 1세 시
절 궁정 의사로 활동했다. 하비가 한창 활동하던 시대는 천문학에서
타원궤도가 주장되고 지동설이 논쟁을 치르는 과정 속에 학문의 대
변혁이 시작되는 시기와 맞물렸다. 하비의 작업들에서도 이런 시대
성은 잘 나타난다.

## 혈액순환이론을 주장하는 과정

살아 있는 사람의 심장이 어떻게 동작하고 있는지 직접 관찰하는 것은 불가능하다. 그러니 하비에게 가능한 방법은 오직 생각만으로 사고실험을 하는 것이었다. 먼저 하비는 심장이 박동할 때마다 동맥을 통해 밀려 나오는 혈액의 양에 주목했다. 하비는 심장이 한 번 뛸 때마다 심장이 밀어내는 피의 양을 2~3스푼 정도라고 보수적으로 추정했다. 그 다음 하루 동안 심장박동 횟수를 곱해봤다. 놀라운 수치가 나왔다. 하비가 주먹구구식으로 계산한 혈액량은 300kg이 넘었다. 하루 동안 동맥으로 방출되는 혈액 총량이 인간의 몸무게를 훨씬 뛰어넘은 것이다.

인간이 하루에 섭취하는 음식물의 양으로는 그 많은 혈액을 절대 만들어낼 수 없다. 그렇다면 심장에서 나간 혈액은 다른 경로를 통해 심장으로 되돌아와야만 한다는 것이 하비의 생각이었다. 혈액순환 이론을 떠올리는 하비의 사고실험에는 당시 유행하는 중요한 요소가 개입되어 있다. 혈액량이라는 수치에 주목한 상상이었던 것이다. 바로 '정량적인' 사고실험이었던 것이다. 수학을 동원해 상황을 파악해보려는 시도는 이미 천문학과 역학을 넘어 생리학에서도 나타나고 있었던 것이다.

그 다음으로 생각해볼 것은 하비가 이 생각을 남들에게 알리는 과정이다. 사고실험은 과학자가 자기 스스로 가설을 세우고 스스로를

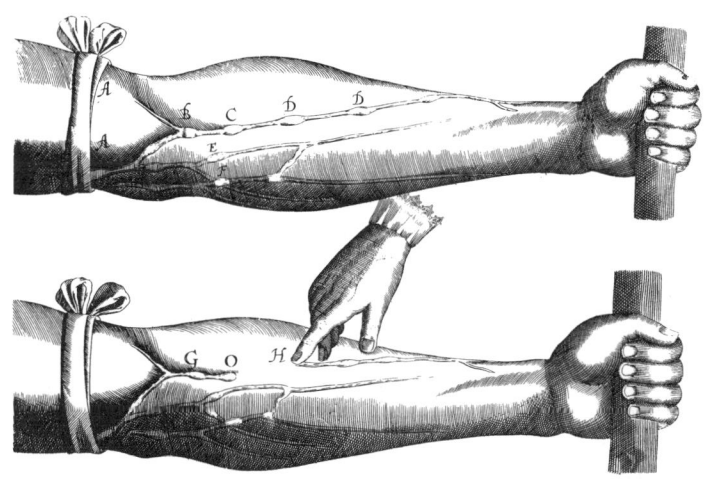

**결찰사 실험**  하비는 동맥이 막히면 팔의 윗부분이 부풀어 오르고 정맥이 막히면 아랫부분이 부풀어 오르는 것을 보여주며 동맥으로 내려간 피가 정맥으로 올라온다는 것을 설득력 있게 주장했다. 이 실험은 과학자가 자신이 이미 확신하고 있는 내용을 남들에게 설득하기 위해 행하는 전형적인 확인실험이다.

설득하는 과정이다. 자신의 사고실험 내용을 남들에게 그대로 설명할 때 상대가 믿어주기를 바라는 것은 어리석은 일이다. 직접적이고 확실해 보이는 증거를 보일 수 있어야 한다. 이런 경우 과학자들은 남들을 설득하기 위해 면밀하게 계산된 결정적 실험을 계획한다. 남들을 설득하기 위한 실험, 이른바 '확인실험'을 하게 된다. 하비는 혈액순환의 확인실험으로 유명한 결찰사(結紮絲)실험을 했다.

혈액순환이론이 받아들여지기 위해 가장 중요한 문제는 동맥으로 나간 피가 과연 정맥을 통해 심장으로 돌아올 수 있는가에 있었다. 결찰사는 잘 끊어지지 않는 질긴 실이다. 하비는 결찰사를 이용하여 팔을 느슨하게 동여맨 뒤 동맥과 정맥이 부풀어 오르는 모양을 관찰했다. 그 결과 팔에서 손으로 내려가는 동맥이 막히면 팔의 윗부분이 부풀어 오르고 정맥이 막히면 팔의 아랫부분이 부풀어 오르는 것을 볼 수 있었다. 동맥으로 내려간 피가 정맥으로 올라온다는 것을 뒷받침하는 결과였다. 적절한 확인실험을 통해 하비는 어느 정도 자신의 동조자들을 포섭하는 데 성공했다.

또 하나 재미있는 부분은 하비가 자신의 혈액순환이론을 주장하는 맥락이다. "심장은 생명의 시작으로서 소우주(인간)의 태양이며, 역으로 태양은 우주의 심장이다." 『심장과 혈액의 운동에 관하여』 (1628년)에서 하비는 인간의 신체를 우주에 비유했다. 그리고 신체는 심장의 작용으로 양분과 활력을 얻기 때문에 아리스토텔레스의 말처럼 심장이야말로 생명의 기초이며 모든 신체활동의 원천이라고 했다. 아리스토텔레스가 대우주는 원운동이라는 순환운동을 한다고 설명한 것처럼 소우주인 인간의 몸도 그래야 한다고 했다. 대우주에 태양 주위를 도는 원운동이 있으니 신체도 심장을 중심한 순환운동이 있어야 할 것이다. 하비는 철학적으로는 아리스토텔레스의 권위에 기대어 혈액순환이론을 주장했던 것이다. 천문학에서 과학혁명은 아리스토텔레스의 설명들에 대한 도전으로 진행되었다. 이에 비해 생리학에서 하비의 주장들은 자신이 철저하게 아리스토텔레스주의자임을 표방하며 진행되었던 셈이다.

## 혈액순환론에 대한 반응과 결과

이런 하비의 주장에 대해 동시대인인 베이컨과 데카르트는 재미있는 반응을 남겨놓았다. 베이컨은 아리스토텔레스의 방법론에 의식적으로 대항했던 사람답게 하비의 아리스토텔레스주의적으로 보이는 혈액순환이론을 맹렬히 공격했다. 하지만 데카르트는 하비의 혈액순환설이 자신의 기계적 철학에 잘 부합한다고 생각했다. 그래서 하비의 이론을 아리스토텔레스적인 부분만 제거하고 철저히 기계적 철학에 근거해서 받아들였다. 즉 혈액순환은 인정하되 철저히 기계적 역학 작용으로만 설명한 것이다. 이 데카르트의 선례에 따라 의역학(醫力學) 분야가 생겨났다. 우리가 심장이식수술을 행하게 된 것은 심장을 피를 돌리는 펌프로서 기계장치로 받아들인 결과이기

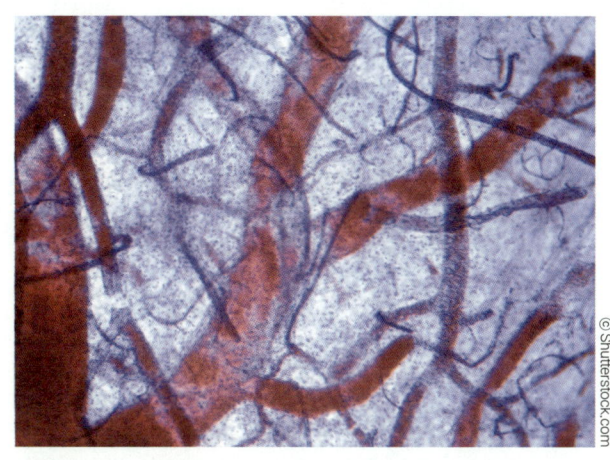

**현미경으로 본 모세혈관** 모세혈관의 발견은 혈액순환이론을 최종적으로 증명했다.

도 하다.

하비의 주장은 상당한 설득력이 있었다. 하지만 혈액순환이론은 하비 시절 전폭적으로 받아들여지지는 못했다. 결국 모세혈관이라는 직접적인 증거를 찾지 못한 것이 약점이 되었다. 후일 모세혈관을 관찰한 학자는 말피기(Marcello Malphighi, 1628~1694년)였다. 그는 1660년에 배율이 높아진 현미경을 이용해 개구리 폐에서 모세혈관 구조를 관찰함으로써 혈액순환이론의 직접 증거를 찾아냈다. 레벤후크(Antony van Leeuwenhoek, 1632~1723년)는 1688년에 올챙이 꼬리와 개구리 다리에서 모세혈관을 통해 혈액이 정맥으로 흘러가는 것까지 확인해서 혈액순환이론은 공고해졌다. 첫 주장에서 인정까지 60년 정도가 걸린 셈이다.

하비의 작업을 요약했을 때 다양한 특징이 관찰된다. 하비에게 혈액의 운동 원인은 오로지 심장의 박동 때문이다. 즉 철저하게 기계적인 작동으로 분석했다. 결찰사 실험 등으로 확인실험을 시도하며 실험을 강조했고 사고실험에는 수학적 맥락도 섞여 있다. 당대 유행이던 실험관찰과 수학적 분석이라는 특성이 잘 가미되어 있다. 그런데 혈액순환 자체의 철학적 정당성은 아리스토텔레스의 권위로부터 제시되었다. 순환의 과정들은 모두 어떤 고귀한 목적을 위한 것이고 자신은 전 우주에서 보편적으로 일어나는 순환의 한 예를 발견한 것이었다.

즉 하비의 혈액순환설에는 기계적 철학, 아리스토텔레스주의, 베이컨의 실험적 방법이 이리저리 뒤섞여 있다. 과학혁명이 사실은 얼마나 복잡한 과정이었는지를 보여주는 사례다. 또한 하비가 혈액순환이론을 밝히는 과정에는 정량적 사고실험과 확인실험 같은 현대 과학자들이 일반적으로 행하는 방법론들이 이미 잘 구현되어 있다. 새로운 과학적 방법론은 바야흐로 학문 전 분야로 퍼져가고 있었던 것이다.

# 4

# 과학단체의 출현

베이컨과 데카르트의 활동 이후 실제로 자연에 대한 지식을 인간의 실생활에 응용하려는 분위기가 널리 확산되었다. 그리고 역시 베이컨의 조언을 받아들여 개인적 연구에서 집단연구로 시대 분위기가 바뀌기 시작했다. 이런 분위기에서 과학단체들이 자연스럽게 등장했다. 오늘날 학회들의 전신이 된 과학단체들이 17세기에 만들어지게 된 것도 과학혁명기의 중요한 변화 중 하나다.

케플러, 갈릴레오, 데카르트 등이 활동하던 17세기 전반이 지나면서 연구의 규모가 커지고 복잡해졌기 때문에 고독한 개인적 연구는 한계가 나타나기 시작했다. 베이컨의 조언처럼 집단연구의 필요성이 대두된 것이다. 그러면 그 집단적 과학연구는 어디에서 이루어져

**영국의 왕립학회**   최초의 근대적 학회로 일컬어지는 왕립학회는 과학제도화의 시작점이었다.

야 할까? 얼핏 생각하면 당연히 당시의 대학이 그런 공간을 마련해 주었을 것 같다. 하지만 17세기의 과학 발전과 유럽대학들은 거의 상관이 없었다. 17세기에도 유럽의 대학들은 여전히 아리스토텔레스 철학을 가르치고 있었다. 17세기 후반에 활동했던 뉴턴도 자연철학 교수로서 아리스토텔레스를 강의했다.

사실 유럽대학들은 19세기가 될 때까지 아리스토텔레스를 가르쳤고 새로운 과학은 대학의 교육과정에서 찾아보기 어려웠다. 오히려 갈릴레오 사례에서도 볼 수 있듯이 갈릴레오의 지동설 주장의 반대세력이 대학교수들이었다. 대부분의 경우에 대학은 새로운 과학에 대한 반대자들의 집합소였다. 아리스토텔레스의 사상과 어긋나는 새로운 과학을 창조하고 싶은 과학자들은 대학이 아닌 다른 곳에서 자신의 활동영역을 확보해야 했다. 그래서 갈릴레오도 뉴턴도 생계는 대학에서 이어나갔지만 과학활동은 개별적인 과학단체 속에서 진행했던 것이다.

갈릴레오의 과학활동은 대학을 벗어나 대중들에게 직접 책의 형태로 전개하기나 아니면 메디치 가문의 연회 등을 통해 권력층에게 시연하는 방식으로도 행해졌다. 하지만 그의 중년기 가장 큰 도움이 되었던 단체는 로마에서 체시 공작의 후원으로 만들어졌던 '린체이 아카데미(academia dei lincei)'였다. 린체이 아카데미는 르네상스의 영향을 받아 설립된 17세기 최초의 과학단체였고, 1601~1630년까지 활동하며 갈릴레오의 여러 연구들이 시연되고 도움을 받았다. 하지만 체시 공작이 죽자 활동이 중단되었다.

기타 많은 과학단체들이 이런 식으로 이탈리아와 독일에서 만들어졌다. 주로 온도계나 기압계 등의 과학기구를 만들고 발전시키며 공동실험을 수행하며 소기의 성과를 거뒀다. 문제는 이런 과학단체들은 대부분 영속성을 유지하지 못하고 주로 후원자가 죽거나 마음을 바꾸면 쉽게 해체되었다는 문제가 있었다. 그래서 진정한 의미에서 근대적인 과학단체의 출현은 흔히 영국의 '왕립학회'(Royal Society)와 프랑스의 '왕립과학아카데미'(Academie royale des sciences)를 시작으로 꼽는다. 이 두 과학단체만 과학혁명기 이후까지 지속적인 영향력을 발휘하며 대표적 과학단체로 남았고, 이후 만들어진 많은 학회들의 본보기가 되었다.

## 영국의 왕립학회

특히 1660년 설립되었던 영국의 왕립학회는 현대에도 최고의 과학단체로서 명성을 유지하며 전통을 지켜나가고 있다. 왕립학회는 이름만 왕립이지 사실 영국 왕실과 별로 상관이 없다. 영국은 1660년 크롬웰의 시대가 끝나고 찰스 2세의 왕정복고가 이루어졌다. 이때 젊은 과학자들이 그레샴 칼리지(Gresham College)에서 모여 '물리학적·수학적 실험학문을 증진하기 위한 칼리지'의 설립을 결의했다. 이들은 매주 회합을 갖고 실험과 토론을 진행하다가 2년 뒤인 1662년에 찰스 2세가 '자연에 대한 지식 증진을 위한 왕립학회'(The Royal Society for the Improvement of Natural Knowledge)라는 이름으로 이 단체의 정관을 재가함으로써 왕립학회라고 불리게 되었다. 왕이 재가했을 뿐 왕실과는 아무 상관없는 민간 조직이었던 것이다. 그래서 학회의 분위기는 개방적이었지만 아마추어적 성격이 강했고, 재정이 빈약해서 계획 없이 그때그때 산발적으로 연구가 이뤄졌다.

왕립학회의 가장 큰 공헌 중 하나는 학회지 발행이라는 전통을 만든 것이다. 왕립학회는 『철학회보』(Philosophical Transactions)를 정기적으로 발간했다. 이 학회지는 영국 과학자들의 업적 우선권을 확인하는 기능을 수행했다. 그리고 학회장이나 간사가 죽거나 사고가 발생해도 지속적으로 과학자간 네트워크를 유지할 수 있게 되었던 것이다. 왕립학회를 본받으려는 시도들은 유럽 전체에 과학단체의 확산을 가져오는 계기가 됐다. 이후 만들어진 유럽의 학회들은 모두 이왕립학회를 따라 학회지를 만들었다. 그래서 오늘날 학자들의 학술활동은 학회에서 논문을 발표하고 학회지에 이를 싣는 방식으로 이루어지게 됐다.

17세기 왕립학회의 최고 업적은 설립 10여 년 뒤에 뉴턴을 회원으로 받아들여 그가 안정적으로 과학활동을 할 수 있게 해주었다는 점일 것이다. 왕립학회는 처음에는 베이컨의 실험적 방법론의 영향을 강하게 받았지만, 후일 뉴턴이 회장이 되자 수학적 경향이 강해졌다. 하지만 뉴턴 사후에는 다시 경험적이고 실험적인 경향으로 회귀했다. 이후 이런 왕립학회의 경향은 영국 전체 과학활동의 일반적인 특징으로 자리 잡게 된다.

## 프랑스의 왕립과학아카데미

프랑스의 왕립과학아카데미는 여러 면에서 영국의 왕립학회와는 뚜렷한 대조를 보인다. 귀족들의 권위가 훨씬 강했던 프랑스는 과학발전도 귀족들의 후원에 크게 의존했다. 그래서 왕립학회 같은 대중적 과학단체가 만들어지기는 힘들었다. 왕립과학아카데미는 귀족 몽모르(Habert de Montmor, 1600~1679)가 1650년대에 만들었던 '몽모르 아카데미'가 전신이다. 이 단체는 재정이 난관에 부딪히자 1663년에 프랑스 정부에 재정지원을 요청했다. 루이 14세의 재상이었던 콜베르(Jean Baptiste Colbert', 1619~1683)는 프랑스 공업 발전에 도움이 될 것이라는 기대를 갖고 이 단체를 왕실이 직접 지원하는 단체로 재편했다. 그래서 1666년 관료조직을 갖춘 '왕립과학아카데미'가 출범했다. 그래서 여러 면에서 왕립협회와는 대조를 이루는 특징을 보이게 된다.

먼저 아카데미 회원들은 정부에서 높은 급여를 받았다. 그리고 훌륭한 연구시설을 지원받으며 대신 정부가 의뢰한 연구주제를 공동으로 연구해야 했다. 최초의 직업 과학자 집단의 출현이라고 할 수 있었던 사건이었고, 체계적 연구 프로그램에 의해 대규모 연구과제들을 수행할 수 있었다. 당시 왕립과학아카데미가 수행한 연구들은 지구의 실제 크기를 결정하기 위한 대항해, 남아메리카의 지형과 동식물군 분류 등이었다. 정부의 엄청난 재정 지원으로 이루어진 연구로 거대한 업적들이 만들어졌다. 하지만 부작용도 있었다. 공무원이었던 회원들은 베르사유 궁전 분수설계, 과학서적 검열, 기술특허 심사임무까지 맡으며 스트레스를 받아야 했다. 이렇게 왕립과학아카데미는 폐쇄적인 관료조직체계 속에서 거대하고 수학적인 연구에 집중했다. 이렇게 왕립과학아카데미는 또 다른 연구 스타일을 만들었고, 왕립학회와는 다른 형태의 과학발전을 이끌었다.

이 단체들은 과학연구방법론의 정착과 새로운 실험기구들의 발명과 개량에 큰 역할을 했다. 망원경, 현미경, 온도계를 지속적으로 개량하며 다양한 특성들을 측정가능한 양으로 다루었다. 공기펌프와 기압계 개량으로 기체역학이 시작됐고, 진공 상태 실험을 수행하며 원자론의 부활을 가져왔다. 원자설은 물질들의 미시적 상태에 대한 설명을 제시하며 결국 연금술이 화학으로 발전하는 계기가 됐다. 과학단체는 화학이란 분야도 직접 만들어낸 셈이다. 조직화된 과학단체는 토론과 실험 문화를 연구 전통으로 만들었다. 이렇게 현대과학의 기본 전통들은 대부분 이 시기 과학단체를 중심으로 만들어졌다.

# 기계적 철학의 확산

　　과학혁명 이후 기계적 철학은 모든 과학 분야로 퍼져 나갔다. 데카르트가 제시한 방법들은 사실상 모든 학문의 지침이 되었다. 과학 전 분야는 천천히 수학화되고 기계화되게 된다. 그 대표적인 사례가 화학과 생물학이다.

　　과학혁명기 역학과 천문학의 눈부신 승리를 18세기 화학에서도 이루고자 했던 인물이 있었다. 화학혁명의 아버지로 불리는 앙투안 라부아지에(Antoine Laurent Lavoisier, 1743~1794)다. 라부아지에는 전통적인 연금술을 오늘날의 화학으로 변화시킨 대표적 인물로 일컬어진다. 먼저 라부아지에는 과거 기체의 특성을 사용해서 '불의 공기', '생명의 공기'처럼 불렸던 기체의 이름을 바꿨다. '불의 공기'는 수소가 됐

**라부아지에 부부**　라부아지에는 기계적 철학에 기반해서 연금술을 화학으로 바꿨다. 라부아지에는 프랑스대혁명 시절 단두대에서 처형된 과학자로도 유명하다.

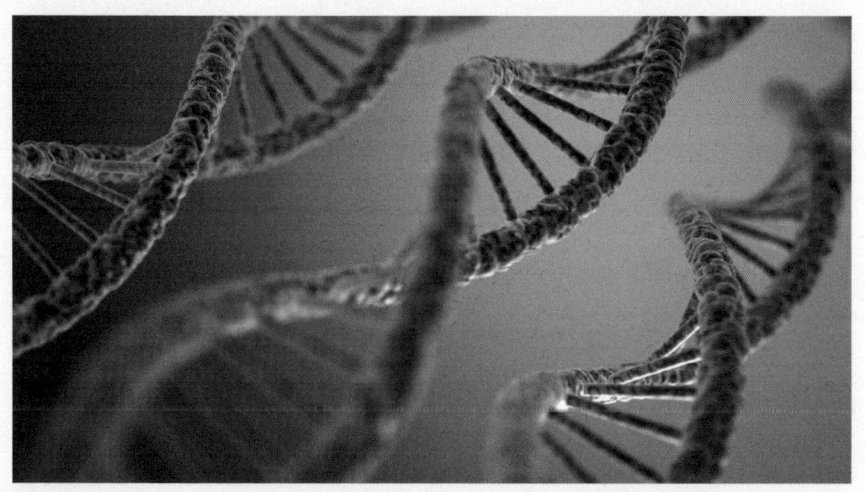

**DNA 이중나선 구조**　　DNA 구조는 생명의 특징을 기계구조로 표현할 수 있음을 보여주었다.

고, '생명의 공기'는 산소가 됐다. 데카르트가 학문에서 제외시키기 원했던 형용사적 표현을 제거하는 작업이었다. 소금은 '염화나트륨'이 됐다. 소금이 염소와 나트륨이라는 '기계적 부품의 조합'으로 구성되었음을 보여주는 명칭이다. 뒤이어 라부아지에는 화학변화 전후의 질량은 동일하다는 질량불변의 법칙을 제시했다. 또 화학반응식은 데카르트 방정식의 형태를 모방하게 됐다. 이렇게 라부아지에는 철저하게 기계적 철학에 기반해서 연금술을 현대적 화학으로 변화시켰다. 현대의 화학은 아예 분자의 형태를 기계 구조로 표현하는 것이 일반화되어 있다.

　생물학에 기계적 철학이 침투하는 과정은 매우 늦어서 20세기에 시작되었다고 볼 수 있다. 19세기까지 생물학은 과학이라 부르기에는 민망할 정도로 수학적 설명은 거의 제시되지 않았다. 하지만 20세기에 멘델의 유전법칙이 재발견되면서 유전은 수학적으로 계산 가능한 대상이 되었다. 1953년에는 DNA의 이중나선 구조가 해명되었다. 생명의 고유 특성이 DNA 분자구조 모형으로 제시된 것이다. DNA 구조 규명으로 생명체는 기계적 설명의 대상으로 변화했다. DNA 구조를 바꾸면 생명체의 특성이 바뀔 수 있고 실제 생명과학자들은 그런 연구를 열심히 수행중이다. 데카르트가 주장한 기계적 부품 조합으로서 생명 구조와 마주하게 된 것이다.

# 30년 전쟁

30년 전쟁은 케플러, 갈릴레오, 데카르트 등 과학혁명의 주요 인물들의 운명에 큰 영향을 준 사건이다. 1618년에서 1648년까지 30년 동안이나 지속된 전쟁이라 관련 인물은 헤아릴 수 없이 많고 거의 유럽 전체가 휘말린 거대한 전쟁이었다. 종교개혁 직후 발생한 신구교간 충돌은 엄청난 유혈사태를 겪었지만, 다행히 1555년의 아우크스부르크 협약으로 간신히 평화를 되찾았다. 하지만 잠시 화해했던 가톨릭과 신교는 17세기에 들어서자 독일지역 여기저기서 충돌하기 시작했다. 가톨릭 신앙을 금지하고 영주를 내쫓는 지역이 생겼고, 정반대의 경우도 발생했다. 그러다가 결국 전쟁으로 비화되었다. 전투는 독일지역에서 벌어졌지만 전 유럽의 국제전이 되어버렸다.

전쟁이 한 세대 이상 계속된 이유는 독일지역 제후들의 복잡한 상황 때문이었다. 제후들은 자신들의 종교를 지켜야 했지만 신성로마제국에 대한 충성책임도 있었다. 가톨릭인 합스부르크 가문 황제와 다른 종교를 가진 신교도 제후들은 계속해서 갈등할 수밖에 없었다. 더구나 제후들은 대대로 상속된 가문의 영지와 신민들을 지켜야 했기에 어느 쪽이 유리한

지 계속 정치적 계산을 했다. 거기다 가톨릭 국가인 프랑스는 합스부르크 왕가를 견제하기 위해 독일 신교 제후들의 편을 들었다. 심지어 합스부르크 제국의 팽창이 못마땅했던 교황청마저도 적극적으로 가톨릭 군대의 편을 들지 않았다. 그렇다고 합스부르크 군대가 지길 바랄 수도 없었다. 이런 실타래처럼 꼬이고 꼬인 상황 때문에 적과 아군이 수시로 바뀔 수밖에 없는 전쟁이었다. 이처럼 전쟁 당사자들이 분명한 입장을 가지기 힘들었기 때문에 전세가 한쪽으로 기울기 힘들었고 전쟁은 지루하게 이어졌다.

30년 전쟁은 크게 네 단계로 나눠볼 수 있다. 1618년 프라하에서 신교도들이 반란을 일으키자 신성로마제국 군대가 이를 진압하며 전쟁이 시작되었다. 이때 프라하에 살고 있던 케플러의 인생이 엉망이 되었고 그는 여기저기 떠돌며 마녀로 고발된 어머니까지 보살펴야 했다. 신교 쪽에서는 팔츠의 선제후를 중심으로 연합했고, 가톨릭 쪽에서는 바이에른을 중심으로 연맹을 결성했다. 이 두 세력이 충돌한 상황을 보헤미아-팔츠 전쟁(1618~1623)이라 부른다. 이 전쟁에서 가톨릭 연맹이 승리했고, 신교 진영의 리더였던 프리드리히 5세는 가족들과 네덜란드로 피신했다. 그래서 후일 데카르트는 이 프리드리히 5세의 딸 엘리자베스 공주를 네덜란드에서 제자로 두게 됐다.

이후 패배한 신교 진영을 돕기 위해 덴마크가 출전해서 덴마크-니더작센 전쟁(1623~1630)이 발발했다. 이때의 덴마크 국왕 크리스티안 4세는 티코 브라헤를 쫓아냈던 왕이다. 덴마크는 패배했고 엄청난 영토를 잃었다. 그러자 스웨덴의 구스타브 아돌푸스 2세가 신교도를 돕기 위해 개입

했다. 이 시기가 30년 전쟁의 절정기로 본다. 구스타브는 근대전의 창시
자로 불린다. 뛰어난 전술로 브라이텐펠트 전투에서 승리했고 1632년에
는 뮌헨을 점령하며 가톨릭 진영을 공포로 몰아넣었다. 갈릴레오는 바로
이 엄중한 시기에 『대화』를 출판했다.

　하지만 구스타브가 뤼첸 전투에서 전사하자 전쟁은 다시 교착상태에
빠진다. 구스타프의 사망으로 어린 딸 크리스티나가 스웨덴 왕위에 올랐
다. 이 여왕이 바로 데카르트를 스웨덴 궁정 철학자로 초청한 여왕이다.
신교 측이 약해지자 프랑스는 신교 측에서 직접 참전했다. 전쟁의 막바지
에 각국은 이제 자신의 종교적 입장 따위는 아랑곳하지 않고 철저하게 정
치적 실익만 따지기 시작했음을 보여주었다. 결국 1648년 30년 전쟁과
80년에 걸쳤던 네덜란드 전쟁이 베스트팔렌 조약으로 종료되었다.

**30년 전쟁의 영웅 구스타프 아돌푸스** 스웨덴 국왕이었던 그는 북방의 사자왕으로 불렸다. 데카르트를 스웨덴으로 초청한 크리스티나 여왕은 그의 딸이다.

이 전쟁은 많은 것을 바꾸었다. 독일 인구는 격감했고, 굶주린 주민들이 식인을 했다는 기록까지 남아 있다. 종교적 열정은 사라지고 각국은 근대국가로 각개약진하기 시작했다. 네덜란드와 스위스가 독립하고 스페인의 영향력이 축소되었다. 베스트팔렌 조약의 결과, 군주가 해당지역의 종교를 결정하지만 통치자의 종교에 반대하는 신민들이 이주할 권리가 생겨났다. 어떤 군주도 타국에 자신들의 종교를 강요할 수 없다고 조약문에 정확히 명기되었다. 신성로마제국 황제와 교황의 영향력이 크게 약화되며 종교전쟁의 시기가 막을 내렸다.

30년 전쟁 이후 정치적 이권을 위해 제후들은 언제든 편을 바꾸는 비정한 시대가 도래했다. 30년 전쟁은 결국 개인이 종교를 선택할 자유를 가지고 인간의 이성의 강조하는 시대로 진행하게 만들었다. 종교적 충돌로 시작했지만 정치적 타협으로 종결되었던 30년 전쟁은 이렇게 과학혁명의 결과와 현대사회의 성립에 결정적 배경이 되었다.

# 5장

# 과학혁명의 완성

# 1

# 뉴턴과 기적의 해

아이작 뉴턴(Isaac Newton, 1642~1727)은 흔히 과학혁명의 완성자로 불린다. 뉴턴에 의해 지동설은 짝이 맞는 운동이론을 갖추게 되었기 때문이다. 뉴턴의 시기가 지나면 이제 지동설은 만유인력과 함께 일반적인 사실로 받아들여지게 된다. 앞서 살펴본 케플러, 갈릴레오, 데카르트는 모두 비슷한 시기를 살며 새로운 연구업적들을 남겨놓았다. 뉴턴은 바로 그 직후에 태어났기 때문에 앞선 학자들의 연구를 충분히 검증하며 정리할 수 있었다.

뉴턴이 여섯 살 무렵 30년 전쟁이 끝

**아이작 뉴턴**　뉴턴은 과학혁명의 완성자로 불린다.

났다. 이전 시기를 살았던 케플러와 갈릴레오는 참혹한 전쟁과 대립의 시대를 살아야 했지만, 뉴턴은 유럽의 평화가 어느 정도 유지되던 시기를 살 수 있었다. 특히 영국은 뉴턴이 케임브리지 학생이던 시절 명예혁명이 있었고, 뉴턴이 50대 시절 잉글랜드가 스코틀랜드를 합병해서 우리가 아는 영국(Great Britain)이 만들어졌다. 이후 영국은 현대에 이르기까지 전 세계의 패권국가가 되었다. 시기, 장소, 역량 등의 모든 면에서 뉴턴은 이전 시대 학자들이 가지지 못한 행운과 안정을 마음껏 누릴 수 있었다. 아마도 역사 전체를 통틀어 뉴턴보다 성공적인 학자를 찾기도 어려울 것이다.

## 뉴턴의 성장기

뉴턴은 1642년 영국의 울즈소프라는 작은 마을에서 크리스마스에 태어났다.[5] 뉴턴의 아버지는 뉴턴의 어머니가 임신 중일 때 사망했다. 거기다 뉴턴은 칠삭둥이 미숙아로 태어났다. 모두가 이 불행한 아이가 얼마 살지 못할 것으로 보았다. 하지만 예상외로 건강하게 성장했다. 어머니는 뉴턴이 세 살 무렵 재혼해 뉴턴 곁을 떠나서 뉴턴은 어린 시절 외조부모 밑에서 양육되었다.

---

5  현재 우리가 쓰는 그레고리우스력으로는 뉴턴의 생일이 1643년 1월 4일이다. 하지만 당시 영국은 전통적인 율리우스력을 쓰고 있었기 때문에 영국인들에게는 크리스마스였다.

**케임브리지 트리니티 칼리지**　　트리니티 칼리지는 17세기 뉴턴으로부터 현대의 스티븐 호킹에 이르기까지 수많은 석학들이 거쳐 갔고 오늘날까지도 과학의 중요한 중심축으로 자리 잡고 있다.

　　초등교육을 받던 시기에는 약사 클라크의 집에서 기거하며 약국에서 화학과 접하면서 다양한 실험도구들에 익숙해지는 경험도 했다. 뉴턴이 13세 무렵 어머니가 돌아왔다. 재혼한 남편이 죽어 아버지가 다른 세 명의 동생을 데리고 온 것이다. 의붓아버지가 상당한 부자였기 때문에 집안은 하인을 몇 명을 거느리고 수백 마리 가축을 키우는 농장을 운영할 수 있었다. 뉴턴은 비교적 유복한 환경에서 성장했다.

　　중등교육을 받을 때 뉴턴의 학업성적은 최상이었고 갈릴레오처럼 도구제작자로서도 뛰어난 역량을 가지고 있었다. 물론 당대 지식

**1665년 영국의 페스트 유행** 뉴턴은 케임브리지에 휴교령이 내려졌던 1666년 한 해 동안 고향에 머물며 엄청난 기적을 만들어냈다.

인들의 언어인 라틴어도 충분히 학습했다. 자연에 대한 관찰력도 뛰어났다. 뉴턴은 시계 대신 그림자만 보고도 시간을 대답할 수 있었다고 한다. 그런 뉴턴은 19세 되던 해인 1661년 케임브리지(Cambridge) 트리니티 칼리지(Trinity college)에 입학했다. 뉴턴은 이후 1696년까지 35년 동안 케임브리지에서 있으면서 엄청난 업적을 이룩해냈다.

당시 대학들은 아리스토텔레스 위주의 교과과정을 가르치고 있었지만 학생시절 뉴턴은 이를 넘어서서 데카르트, 갈릴레오, 보일, 홉스 등의 최신 저작들을 독학으로 공부했다. 갈릴레오가 뉴턴이 탄생하던 해에 죽었고, 데카르트는 뉴턴이 10대 초반 사망했다. 그래서 대학에 다닐 무렵 뉴턴은 이 유명한 학자들의 첨단연구 결과를 충분히 살펴볼 수 있었다. 뉴턴은 학부학생에 불과했음에도 권위에 전혀 위축되지 않았다. 수동적으로 저자들의 의견을 받아들이지 않고 〈질문들〉이라는 제목을 붙인 공책에 읽은 책의 저자들을 향한 의문사항들을 치밀하게 정리했다.

이런 맹렬한 연구의 결과 뉴턴은 학부 시절에 이미 당대 학문의 흐름을 충분히 간파했다. 뉴턴은 밥 먹는 것조차 자주 잊어버리고 언제나 뭔가에 홀린 듯이 생각에 잠기거나 공부했다. 1663년에 유클리드의 『기하학 원론』을 보기 시작했는데, 이후 관련 수학서적을 탐독하다가 데카르트의 『해석기하학』까지 1년 남짓한 기간 만에 완독했다. 이것은 뉴턴이 1664년까지 1년 만에 17세기까지 인류가 도달한 수학을 모두 따라잡았다는 의미였다. 그것도 학사학위를 받고 연구원이 되는 데 필요한 정규 시험들을 무난히 치러내면서 이루어진 것이었다.

## 기적의 해, 1666년

1665년 여름 런던에 페스트가 유행하기 시작했다. 역병이 퍼지자 케임브리지 등의 주요 대학들에 휴교령이 내려졌다. 막 학사학위를 받은 뉴턴은 고향으로 돌아가 다음해까지 머물렀다. 뉴턴이 고향에 돌아가 있던 1666년을 과학사에서는 '기적의 해(miracle year, 라틴어 annus mirabilis)'라고 부른다.[6] 이해에 뉴턴은 불과 24세의 나이로 자신의 미적분, 광학, 만유인력의 기본아이디어를 모두 정립하는 놀라운 기적을 만들어냈다. 뉴턴이 유율법(fluxion)이라 부른 미적분(Calculus,

---

[6]  1666년과 1905년, 단 두 해만이 과학사에서 기적의 해로 불리고 있다. 그만큼 이 두 해는 과학의 역사에서 중요한 시점이다. 아인슈타인의 기적의 해인 1905년에 아인슈타인은 26세의 특허청 직원 신분으로 세계 최고 수준의 논문 네 편을 차례로 발표했고 그 마지막 논문은 특수상대성이론이었다.

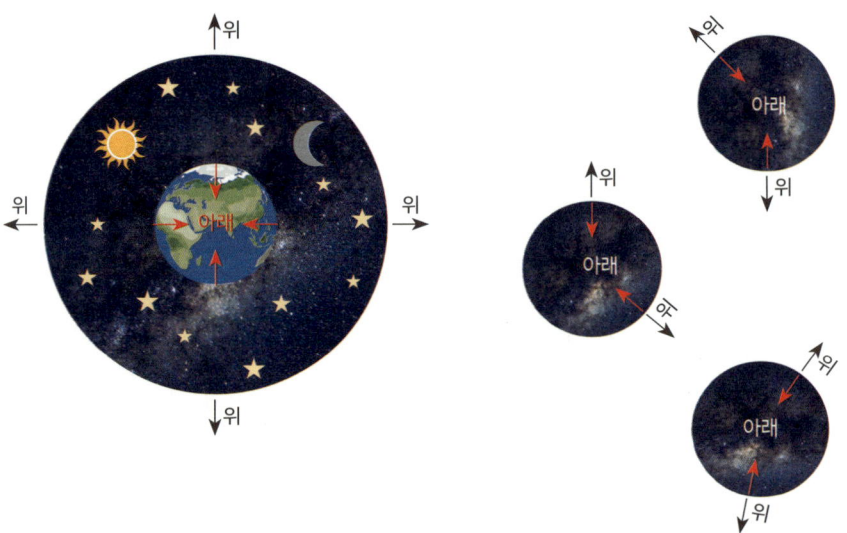

**아리스토텔레스의 위와 아래, 뉴턴의 위와 아래**　뉴턴은 상하의 개념을 완전히 바꿔버렸다. 아리스토텔레스의 우주는 우주 전체의 중심점이 아래고, 우주의 바깥쪽이 위다. 하지만 뉴턴의 우주에서는 개별 천체의 무게중심이 각 천체의 아래에 해당하고, 천체의 바깥 방향이 위에 해당한다. 이제 위와 아래는 상대적인 개념이 되어버렸다.

微積分) 발견으로 인류는 전혀 다른 차원의 수학을 손에 넣었다.

이후 인류의 수학은 급속히 발전했다. 그리고 오늘날 과학, 공학, 건축학에서 미적분은 반드시 필요한 수학이 되었다. 뉴턴은 오직 독학으로 체계적 독서를 통해서만 이런 업적을 이루었다. 이것만으로도 역사에 남을 업적이었을 텐데 뉴턴은 거기서 그치지 않았다. 이 시기 뉴턴은 만유인력도 발견했다고 알려져 있다. 하지만 정확하게는 옳지 않은 표현이다. 사실 물체와 물체 사이의 인력이 작용한다는 것을 생각해 내는 것은 그리 중요한 부분이 아니다. 더구나 그 당시 그런 생각을 가진 학자들은 상당수 있었다. 뉴턴의 특별한 점은 24세의 나이로 만유인력을 가정하고 계산해냈다는 사실이다. 뉴턴은 이때 두 물체 간에 작용하는 인력은 거리의 제곱에 반비례함을 수식에 의해 명확하게 보였고 자신의 계산결과가 케플러 3법칙에 일치하는 것을 확인했다.

더구나 뉴턴이 만든 수식은 돌멩이가 땅으로 떨어지는 과정에도 똑같이 적용될 수 있었다. 뉴딘의 입직에서 가장 중요한 부분은 '물체들 사이의 당기는 힘'을 발견한 것이 아니다. 돌멩이가 땅으로 떨어지는 것과 달이 지구를 도는 현상을 같은 수학적 힘으로 설명했다는 것이었다. 아리스토텔레스의 설명에서 분리되어 있던 천상세계 행성들의 운동과 지상세계 물체의 낙하운동이 통합된 것이다. 이제부터 돌이 땅으로 떨어지는 이유는 흙 자체의 본성 때문이 아니게 되었고 '아래' 방향은 우주의 중심방향이 아니게 되었다. 뉴턴의 설명을 따르면 모든 별들은 자기 자신의 중심이 '아래'였다. 뉴턴은 위와 아래의 개념을 상대적인 것으로 바꿔버렸다.

## 케임브리지의 뉴턴

이런 엄청난 업적을 만들어놓고 1667년 봄 뉴턴은 휴교령이 해제된 학교로 돌아왔다. 하지만 자신이 이뤄놓은 연구결과에 대해서는 함구했다. 뉴턴은 아무리 자신의 아이디어가 탁월하더라도 개량을 거듭해 오차나 문제점을 완전히 해결한 후에만 남들에게 보여주었다. 완벽주의자인 뉴턴은 아직 세상에 내놓기에는 부족한 상태라고 생각했던 것 같다. 그럼에도 대학에 정착할 수 있는 행운이 찾아왔다. 1669년 뉴턴의 스승이었던 아이작 배로(Isaac Barrow)가 뉴턴의 천재성을 알아보고 자기가 맡아온 루카스좌 석좌교수 (Lucasian professor of Mathematics) 자리를 뉴턴에게 넘겼던 것이다. 뉴턴은 학업을 마친 뒤 별다른 방황의 기간 없이 바로 교수가 되었고 이후 뉴턴은 30년 이상 이 자리에 있었다. 사실상 뉴턴을 위해 만들어진 운명적 자리였던 셈이다.

또한 뉴턴은 자신의 광학연구 결과들을 반사망원경 제작에 활용했다. 반사망원경의 제작은 학자 사회에서의 지위도 높여주었다. 1669년에 뉴턴은 불과 15cm 크기의 반사망원경을 제작했는데 1.8m 크기의 굴절망원경보다 성능이 훨씬 뛰어나고 선명했다. 1671년 왕립학회에 망원경을 전시하자, 뛰어난 성능은 바로 주목받았고 뉴턴은 곧 왕립학회회원이 되었다. 이 발명 하나만으로도 30대의 뉴턴은 주목할 만한 학자 반열에 올랐다. 반사망원경을 누가 만들어주었냐는 질문을 받았을 때 이런 대답을 남겼다. "만약 다른 사람이 내게 필요한 도구와 물건을 만들어줄 때까지 기다렸다면, 나는 아무것도 만들지 못했을 것이다." 그는 언제나 연구의 하나부터 열까지 자신의 손으로 직접 해냈다.

20~30대 뉴턴은 하루 평균 4~5시간씩만 자며 엄청난 시간을 연구에 투자했다고 한다. 30대에 백발이 되었는데 주변에서는 너무 집

중해서 일한 후유증이라고 말할 정도였다. 특히 1670년대 내내 뉴턴은 본격적으로 연금술을 연구했다고 알려져 있다. 뉴턴이 연금술에 심취해 있었다는 사실은 19세기까지도 알려지지 않았었다. 뉴턴이 신비주의적인 2류 학문이던 연금술에 심취했었다는 것이 뉴턴의 명예에 누가 될까봐 비밀에 부친 것이었다. 지금도 많은 뉴턴 전기들에서는 뉴턴의 연금술 연구를 나투시 않거나 천재의 기행이나 시산 낭비처럼 묘사하곤 한다. 하지만 이 연금술 연구는 오히려 뉴턴의 다른 연구에 많은 도움을 주었을 수 있다. 그 대표적 사례가 바로 뉴턴의 핵심 업적인 만유인력이다.

# 2
# 만유인력의 탄생

## 『프린키피아』

1680년대에는 혜성들이 많이 나타났다. 천문학에 대한 학자들의 관심이 고조됐다. 그 결과 1684년경이 되면 천체간 거리의 제곱에 반비례하는 인력에 대해 많은 학자들이 비슷한 계산에 접근해갔다. 이처럼 만유인력의 아이디어 자체는 뉴턴만의 특별한 것이 결코 아니다. 중요한 차이는 다른 이들은 수학적 추측이었고, 뉴턴은 수학적 증명을 해냈다는 것이다.

1684년 8월 젊은 학자 에드먼드 핼리(Edmund Halley, 1656~1742)는 케임브리지에 가서 뉴턴에게 이 유행 질문을 물어보기로 했다. 이 전설적인 방문으로 만유인력은 세상에 선보이게 되었다. 핼리가 뉴턴에게 태양의 인력이 거리의 제곱에 반비례한다면 행성을 움직이는 곡선은 무엇이 될지 묻자, 뉴턴은 망설임 없이 타원이 될 것이라고 했다. 그리고 자신이 이미 옛날에 계산을 끝냈다고 대수롭지 않게 대답했다. 깜짝 놀란 핼리가 계산을 보여달라고 하자 뉴턴은 자료를 뒤적이다가 찾지 못하겠다고 했고 그것을 찾아 수정해서 보내주겠다고 약속했다.

나중에 뉴턴은 9쪽의 짧은 논문을 핼리에게 전달했다. 논문을 읽고 흥분한 핼리는 왕립학회에 내용을 공개하고 반드시 출판해야 한다고 부탁했다. 이런 핼리의 적극적인 지원에 힘입어 위대한 역작이 출간될 수 있었다. 계속된 핼리의 요청에 뉴턴은 3년여 시간을 투자하여 세 권으로 된 책을 썼다. 위대한 책 『자연철학의 수학적 원리』(라틴어 Philosophiae Naturalis Principia Mathematica, 줄여서 『프린키피아(Principia)』)는 이렇게 세상에 나왔다. 놀라운 내용들로 가득 차 있지만 핵심은 짧은 방정식 하나다.

$$P = G \cdot m_1 \cdot m_2 / r^2 \text{ (만유인력 방정식)}$$

두 물체 사이의 인력(P)은 두 물체의 질량의 곱($m_1 \cdot m_2$)에 비례하고, 거리의 제곱($r^2$)에 반비례한다. 이 간단한 수학적 가정만 가지고 뉴턴은 관찰 가능한 천문기록 모두를 설명해냈다. 『프린키피아』 제3권 '세계의 구조'에서 뉴턴은 현재까지 측정된 천체 운동기록들을 하나하나 자신의 방법을 적용해 설명했다. 태양, 지구, 달, 행성들의 모든 움직임이 정확히 설명되었을 뿐만 아니라 심지어 어느 날 나타났다 사라지는 혜성의 궤도와 주기까지 정확히 예측했다. 나아가 바다의 밀물과 썰물 현상까지 달의 인력으로 설명해냈다. 세 번의 혜성 관측지점만으로 혜성궤도가 계산됐고, 높이에 따라 공기밀도가 어떻게 달라지는지, 다른 행성들은 중력의 크기와 밀도가 어느 정도인지도 계산했다. 충격적이었다.

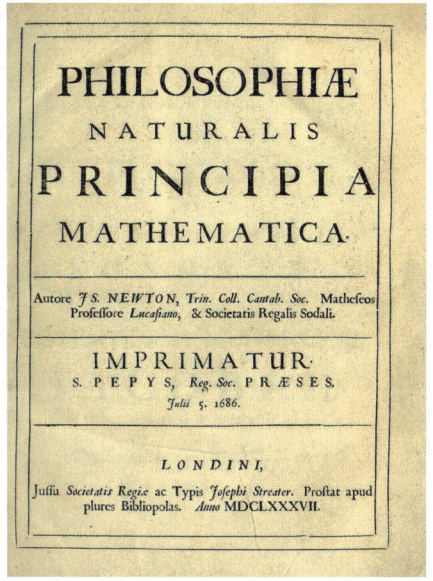

「프린키피아」   과학혁명은 이 책에 의해 사실상 종결되었다고 평가받는다. 실제 본문에서 뉴턴은 코페르니쿠스, 케플러, 갈릴레오, 데카르트 등의 업적과 오류가 무엇인지 명쾌하게 정리하며, 우주의 동작구조에 대한 과학혁명기 가장 중요한 논쟁을 종결시켰다.

그리고 뉴턴은 더 나아가 앞선 학자들의 업적 하나 하나를 심판했다. 코페르니쿠스의 태양중심설, 케플러의 행성운동의 3법칙, 낙하체와 투사체 운동에 대한 갈릴레오의 설명, 데카르트의 직선관성 등이 올바른 업적으로 인정되었고, 코페르니쿠스의 주전원 인정, 케플러의 신비주의적 개념들, 갈릴레오의 원 관성, 데카르트의 물질입자로 가득 찬 우주공간 개념 같은 것들은 부정되었다. 한마디로 뉴턴은 이전 시대 학자들이 남긴 업적들의 가치를 일목요연하게 심판하고 정리했다. 그래서 뉴턴의 업적을 '뉴턴 종합(Newton Synthesis)'이라는 말로 표현한다.

**에드먼드 핼리와 핼리혜성**  핼리는 핼리혜성의 주기를 예측해 만유인력의 가치를 여실히 보여주었다.

1687년 7월 『프린키피아』가 완간되었다. 이 기간 핼리는 사비까지 털어 출판을 지원했고 자신의 연구를 통해서도 뉴턴을 도왔다. 핼리는 얼마 전 나타났던 혜성이 76년 주기로 지구로 다시 돌아올 것임을 만유인력으로 정확히 예측해냈다. 그래서 이 유명한 혜성에는 핼리혜성이라는 이름을 남겼다.

『프린키피아』는 라틴어로 저술되었고 난해한 수학으로 가득 차 있었다. 그래서 읽은 사람이 많지는 않았다. 하지만 책의 내용을 이해한 사람들은 경외심을 느낄 정도였다. 천상세계와 지상세계를 나누지 않고 동일한 수학적 법칙에 의해 천문현상들이 모두 설명되었다. 더구나 관찰기록들과 일치된 조화는 완벽했다. 곧 뉴턴은 유럽의 유명인사가 되었다. 신의 뜻에 가장 근접한 인물로 숭배되다시피 했다. 한 귀족은 '뉴턴 경이 음식을 먹고 음료를 마시고 잠을 자느냐며 정말 그가 우리와 같은 사람인지' 물었다고 한다.

## 모순적인 만유인력

하지만 이렇게 성공적인 만유인력에는 치명적인 문제가 하나 있었다. 바로 만유인력의 '원인'이었다. 처음 만유인력에 대해 배울 때 사람들이 거의 묻지 않는 질문이 있다. 지구는 무엇으로 달을 당기는 것일까? 아마 아무도 대답하지 못할 것이다. 뉴턴이 한 번도 만유인력의 원인을 설명한 적 없기 때문이다. 먼 거리를 떨어져 있고 아무것도 연결되어 있지 않은데 지구가 달을 잡아당긴다는 설명은 사실 아주 기이한 것이다. 당시 많은 뛰어난 학자들이 만유인력을 비판했다. 특히 라이프니츠는 맹렬하게 뉴턴을 비판했다.

"그(뉴턴)는 신비주의적 원리들을 도입하기 위해 수학이라는 거대한 문화적 위상을 사용했으며, 완벽하게 기계론적 우주로 설명하기를 포기했다." 라이프니츠는 뉴턴의 핵심 업적인 만유인력을 신비주의라고 몰아붙였다. 핵심을 정확히 간파한 말이었다. 뉴턴이 제시한 만

**라이프니츠** 라이프니츠는 뉴턴과 데카르트에 비견되는 17세기 천재 중 한 명이다. 라이프니츠는 특히 미적분 발견의 우선권을 놓고 뉴턴과 대립했다. 그리고 자연에 대한 다른 많은 해석에 있어서도 뉴턴과 다른 견해를 고수했다. 특히 만유인력에 대해서는 철저하게 반대했다.

**17세기 연금술** 'attraction(만유인력)'은 연금술사들이 사용하는 용어였다.

유인력은 영어로는 'attraction'이다. 이 영어단어는 흡인력, 매력 등의 의미를 가지고 있고 때에 따라 인간의 감정적 끌림을 표현하는 데도 사용한다.

더구나 이 용어는 17세기 당시에는 연금술에서 사용되었다. 물질과 물질 사이의 끌림을 연금술사들은 'attraction'으로 표현했다. 뉴턴은 수상한 이류학문의 용어를 감히 천체의 운동을 설명하는 데 사용한 것이다. 여기서 우리는 연금술에 심취한 뉴턴과 만유인력을 제시한 뉴턴이 어떻게 연결되는지 알 수 있다. 뉴턴의 연금술 연구는 만유인력의 개념을 제시하는 데 자연스럽게 활용되었던 셈이다.

만유인력은 기계적 철학에서는 도저히 받아들일 수 없는 결론이었다. 그럼에도 이후 200년 이상 만유인력은 과학의 핵심이 되었다. 어떤 예외도 발견할 수 없었고 언제나 정확한 예측을 해냈기 때문이다. 그래서 기계적 철학이 주류를 이루는 과학이라는 학문의 최고봉

**알베르트 아인슈타인** 20세기에 아인슈타인은 상대성이론으로 중력의 문제를 새롭게 해결했다. 아인슈타인의 설명을 따르면 지구는 달을 잡아당기지 않는다. 단지 지구의 질량 때문에 주변의 공간이 휘어지고 달은 직선으로 움직일 뿐이지만 공간 자체가 휘어져 있어 달은 지구를 돈다고 설명된다. 신비주의적인 만유인력 없이도 달이 왜 지구를 도는지 설명할 수 있게 된 것이다.

에는 언제나 신비주의적인 만유인력이 놓여 있었다. 이 모순적인 상황이 해결된 것은 20세기 아인슈타인에 이르러서였다.

뉴턴이 남겨놓은 문제는 한 가지가 더 있다. 뉴턴은 만유인력의 본질이나 원인이 무엇인지 한 번도 대답하지 않고 나타난 현상을 수학적으로 기술하기만 했다. 그때까지의 학문의 흐름으로 보아 이것은 무책임한 행동이다. '인간이란 무엇인가?'처럼 학문은 본래 존재의 본질을 묻는 것이었다. 그런데 뉴턴 이후 과학은 '어떻게?'만 묻기 시작했다. 뉴턴의 성공이 너무나 눈부신 것이라 학문의 질문형태까지 바뀌어버린 것이다. 결국 오늘날 과학은 대부분의 경우 과정만 다루는 것이 당연한 것이 되어버렸다.

# 3

# 『프린키피아』이후의 뉴턴

　뉴턴은 1693년부터 심한 신경쇠약을 앓았다. 『프린키피아』를 쓰고 몇 년이 지났을 때 무렵이었다. 그는 이때 자신이 쓴『프린키피아』도 알아보지 못했고 증세가 심해지자 친구들이 뉴턴을 잠시 감금했을 정도였다. 많은 사람들이 이때의 신경쇠약을 『프린키피아』같은 고도의 정신활동으로 인한 두뇌 과로를 원인으로 본다. 물론 연금술 연구 중 흡입한 유독 성분 때문이었을 확률도 있다. 신경쇠약의 원인은 밝혀지지 않았지만 다행히 뉴턴은 1~2년 후 정상을 되찾았다.

　그 이후 뉴턴은 놀랍게도 공직생활에 뛰어들었다. 대학교수로서의 30여 년의 삶을 버리고 관료가 된 것이다. 뉴턴은 조폐국 관리인이 되어 영국의 화폐주조 능력을 발전시켰고 조폐국장 지위까지 올랐다. 예상과 다르게 뉴턴은 관료로서도 성공적이었다. 이 시기 뉴턴의 철두철미하고 냉정한 성격을 알려주는 일화들도 남겨놓았다. 당시 조폐국 관리인은 위폐범을 체포하는 권한을 가지고 있었는데 뉴턴은 실제로 자신의 정보망을 만들어 위폐범을 체포하고 심문했으며 교수형까지 직접 참관했다고 한다. 뉴턴은 조폐국장 자리에 있으면서 28명을 교수형에 처했다.

## 『광학』

하지만 이후 학자의 삶을 멈춘 것은 결코 아니었다. 1704년에 뉴턴은 60대의 나이로 또 하나의 위대한 책인 『광학(Optiks)』을 출판했다. 『광학』은 『프린키피아』 출간 때와는 달라진 시대의 변화도 보여준다. 『광학』은 라틴어가 아니라 영어로 쓰어졌다. 이제 지식인들의 언어에서 라틴어가 서서히 사라져가고 자국어로 대체되는 중이었다. 『광학』에는 복잡한 수학은 거의 나오지 않고 주로 실험결과들만 서술되었다. 놀라운 것은 몇 가지만 제외하면 『광학』의 내용은 대부분 뉴턴이 30년 전에 이미 완성한 연구들이었다는 점이다. 뉴턴의 완벽주의를 잘 보여준다. 그런데도 독보적인 내용이었다. 그 정도로 당대 뉴턴에 비길 수 있는 학자는 있을 수 없었다.

빛의 본성에 대해 논하는 설명의 탁월함은 유명한 프리즘 실험에 잘 나타나 있다. 뉴턴은 큰 암실을 만들고 창에 작은 구멍을 뚫은 다음 그 앞에 프리즘을 설치했다. 구멍을 통해 들어온 햇빛은 굴절되며 반대쪽 벽에 길쭉한 띠 모양의 색 스펙트럼을 만든다. 빨주노초 파남보의 무지개 빛 색상이 만들어지는 결과를 설명하며 뉴턴은 빛이 순수한 무색의 빛이라는 아리스토텔레스와 데카르트의 주장을 반박했다. 어떤 형태로 빛을 굴절시키고 반사시켜봐도 고유한 색의 빛들은 일정한 굴절률과 순서를 보여주었다. 빛은 색

**뉴턴의 프리즘 실험**  뉴턴은 이 결정적 실험으로 우리가 알고 있는 자연광이 사실은 다양한 색의 빛들이 합쳐져 있는 것이라는 것을 알아냈다.

이 없는 하나의 광선이 아니라 여러 색의 광선들이 혼합된 것이었다. 색은 프리즘 같은 것들이 어떤 작용을 해서 빛을 변화시킨 것이 아니라 색 자체가 빛의 본질적이고 고유한 속성이었던 것이다. 『광학』은 자연의 본질을 찾아가는 데 잘 설계된 결정적 실험이 얼마나 중요한지 잘 보여주었다.

『광학』의 구성도 『프린키피아』와는 또 다른 형태로 특별했다. 책의 많은 부분을 실제 실험의 정밀 묘사에 할애하면서 빛의 본성에 대해 체계적으로 설명해냈다. 『프린키피아』가 수학적 과학의 정수였다면, 『광학』은 실험적 과학의 모범을 보여주었던 것이다.

## 노년의 뉴턴

1703년 뉴턴은 왕립학회장이 되었다. 그리고 이후 죽을 때까지 25년간을 매년 회장으로 재선출되었다. 이 긴 기간 동안 세 번을 빼고는 모든 학회모임에 참석하며 학회를 자신의 스타일로 개조했다. 그의 임기 동안 회원은 두 배가 되었고 불안해졌던 재정도 안정되었다. 뉴턴은 무슨 일을 맡아도 특유의 완벽주의를 보여줬다.

또 뉴턴은 말년에 신학 연구에 심취했다. 『성경의 두 가지 중요한 조작에 관한 역사적 기술』과 『예언서 해석』같은 책을 썼다. 제목에서 느낄 수 있듯 뉴턴은 자신이 성경의 숨겨진 내용을 해석할 수 있다고 생각했다. 다행인지 불행인지 뉴턴은 이 책들의 출판을 포기하거나 출판 전에 사망했다. 이런 작업들은 오늘날의 우리 입장에서는 기이해 보이는 행동들이었다. 하지만 이런 작업들을 수행하는 과정 중에도 뉴턴은 과학을 손에서 놓은 적은 없었다. 74세가 된 1716년에는 『광학』 재판이 나왔는데 초판에 없었던 몇 가지 내용이 추가되어 있다. 『프린키피아』도 1687년의 1판에 이어 1713년과 1726년에 걸쳐 두 번 개정판이 출간되었다. 1726년은 죽기 1년 전으로 84세의 노령이었다. 그런데도 『프린키피아』 3판 역시 변화가 있었다. 내용은 조금씩이나마 무언가 전진했다. 노년이라 속도가 느려지기는 했을지 몰라도 연구의 수준은 결코 낮아지지는 않았다. 그는 일생에 걸쳐 정말 쉬지 않고 일하며 연구했다.

뉴턴은 자신의 업적만큼 사회적 인정을 충분히 받은 사람이기도 하다. 조폐국장과 하원의원을 지냈고 기사작위를 받았다. 왕립학회 회장은 25년간 죽을 때까지 맡았다. 1727년 사망한 뉴턴은 왕과 제후들처럼 웨스터민스터 대성당에 묻혔다. 생존기간과 사후기간을 통틀어 뉴턴만큼의 대접을 받았던 과학자는 현재까지 뉴턴이 유일하다.

**뉴턴 묘**　뉴턴은 성대한 장례식 후 왕과 제후들처럼 웨스트민스터 사원에 묻혔다.

## 뉴턴의 업적들

과학에 대한 뉴턴의 업적은 크게 미적분법, 광학, 만유인력이라는 세 범주로 요약할 수 있다. 모두 현대 과학의 초석이 된 업적들이다. 뉴턴 이후 인류의 수학과 과학은 근본부터 달라졌다. 먼저 뉴턴은 미적분의 발견으로 이제 인류는 공간을 넘어 시공간을 계산할 수 있는 도구를 손에 넣었다. 뉴턴 이전까지 인류는 길이, 면적, 부피 등 주로 공간만을 수학적으로 다뤄왔다. 하지만 뉴턴의 업적에 힘입어 이제 인류는 시공간 속에서 변화하는 수많은 현상들을 수학적으로 기술할 수 있게 되었다. 광학에 대한 뉴턴의 연구는 빛의 본성에 대한 다양한 통찰을 준 것도 맞지만, 우리가 어떤 식으로 실험을 행하고 분석해 나아가야 하는지에 대한 모범적인 사례를 제시했다는 점에서 더 큰 가치가 있다.

만유인력의 발견은 그 이상의 것이었다. 갈릴레오는 망원경 같은 관측도구를 사용해서 실험모델을 만드는 데 탁월한 재능이 있었다. 하지만 갈릴레오의 천문학과 지동설은 수학적이지는 않았다. 케플러는 관찰결과와 일치하는 수학적 모델을 만들었지만 역학적인 설명은 제시하지 못했다. 하지만 뉴턴의 실험과 관찰은 갈릴레오 이상으로 정확했으며, 역학은 케플러 법칙을 모두 설명해내는 수학적 역학을 만들어냈다. 만유인력의 도입으로 지동설은 완벽하게 뉴턴역학에 흡수된 것이고 아리스토텔레스의 우주론은 완전히 폐기되었다.

베이컨이 강조한 경험과 실험, 데카르트가 강조한 수학의 이상이 뉴턴에 의해 하나의 과학자 상으로 합쳐졌다. 뉴턴에 의해 아리스토텔레스의 세계는 산산이 부서졌고, 과학은 유럽문명의 전면에 부상했다. 만유인력이라는 개념에 대한 과학적 도전은 20세기에야 가능했다. 아인슈타인 이후 만유인력의 개념은 물리학적으로는 더 이상 진실이 아니다. 하지만 인류는 지금도 실용적 측면에서는 여전히 만유인력 방정식을 잘 활용하고 있다. 그만큼 뉴턴이 만들어놓은 세계는 거대했다. 다양한 학문전통을 통합해내는 역량, 실험과 수학 모두에서 보여준 탁월한 실력, 그리고 전 생애에 걸친 근면한 연구는 여러 약점에도 불구하고 뉴턴을 최고의 과학자로 꼽을 충분한 이유가 되어준다.

　지구가 태양을 돈다는 논리를 우리는 당연히 받아들이고 있다. 하지만 그 당연해 보이는 논리가 받아들여지기까지 얼마나 많은 노력이 필요했는지 느껴볼 수 있을 때, 우리는 비로소 과학의 가치와 진면목에 눈뜰 수 있다. 코페르니쿠스, 케플러, 갈릴레오, 뉴턴 등의 과학자들의 삶에 생생히 접근해볼 때 우리는 비로소 과학혁명의 의미를 되새김질할 수 있을 것이다.

# 뉴턴은 어떤 사람이었나?

청소년기 뉴턴에 대한 일화들은 그의 놀라운 집중력이 생활에 방해가 된 사례에 대한 것들이 많다. 뉴턴의 청소년기 재판기록에는 양과 돼지들을 방치해 남의 밭과 나무들을 망친 죄로 벌금형을 받은 판결문이 남아 있다. 어머니가 가축을 관리하라고 일을 맡기면 뉴턴은 혼자만의 생각에 빠져 가축들을 돌보지 않았던 것이다. 어느 날은 생각에 빠져 말을 끌고 집을 나갔는데 돌아올 때는 말이 없어진 줄도 모르고 줄만 끌고 들어왔다는 이야기까지 전해지고 있다. 다행히 그 말은 먼저 집에 돌아와 있었다고 한다. 뉴턴은 강의자로서도 소질이 없었다고 전해진다. 뉴턴의 첫 강의를 들은 뒤 두 번째 강의에는 학생들이 아무도 오지 않았었고, 17년간 강의했는데 어떤 때는 수강생이 없어 벽을 보고 혼자 강의하기도 했다고 하니 강의는 매우 지루했던 듯하다. 다행스럽게도 그 시대는 그래도 교수직을 유지하는 데 아무 문제가 없었다.

뉴턴과 알고 지냈던 여학생 한 명은 그가 착실하고, 조용하고, 생각에 잠겨 있는 아이였고 남학생들과 밖에서 노는 것을 부러워한 적이 한 번도 없었다고 회고했다. 대학 시절에는 자신의 광학이론을 발전시키면서 상상하기 힘든 엽기적 실험도 마다하지 않았다. "나는 뜨개질 바늘을 눈과 뼈 사이로 집어넣어 최대한 눈 뒤쪽까지 밀어 넣어보았다. 그 끝으로 눈을 누르자, 흰색과 어두운 색, 그리고 여러 가지 색의 원들이 나타났는데, 뜨개질 바늘 끝으로 눈을 계속 문지를 때 원들이 가장 선명하게 보였다." 색에 대한 지각이 눈에 미치는 압력 때문에 생긴다는 가설을 시험하기 위해 뉴턴은 뭉툭한 바늘을 자신의 눈알 뒤쪽까지 찔러 넣어 실험했다. 이로 인해 실제로 실명위기를 겪었다. 그의 학문적 호기심은 육체의 고통과 불구의 위험을 무릅 쓸 정도로 진지한 것이었다.

교수가 되어서도 종종 자신이 밥을 먹었는지를 다른 이들에게 물어서 확인하는 버릇은 그대로였다. "나는 그가 여가, 기분전환, 산책, 볼링, 또는 다른 운동을 하는 것을 본 적이 없다… 생각하며 모든 시간을 소비한다." "친구들과 즐기다가… 무슨 생각이 떠오르면, 그 자리에 앉아 종이에 쓰고 친구들의 존재를 잊었다." "그는 종종 식사하는 것을 잊었다… 나는 그가 앉아서 먹는 것을 보지 못했다." "그는 먹거나 잠자는 데 소비하는 짧은 시간들을 아까워했다고 믿는다." 이 시기 뉴턴에 대한 증언은 믿기 힘들 정도지만, 모든 기록이 비슷한 내용인 것으로 보아 결코 과장이 아닌 듯하다. 아마도 한가한 생활이야말로 뉴턴에게는 스트레스였을 것이다. 그는 결코 쉬는 법이 없는 사람이었다.

# 『걸리버 여행기』는 뉴턴을 비판한 책이다?

조너선 스위프트(Jonathan Swift, 1667~1745)가 쓴 『걸리버 여행기』는 우리에게 잘 알려져 있다. 1726년 발간 즉시 유럽 전역에서 베스트셀러가 되었다. 이 걸작은 오늘날 아동용 소설로 많이 읽힌다. 하지만 사실은 정치권력의 위선을 고발한 성인용 풍자소설이었다. 『걸리버 여행기』는 16년에 걸친 네 차례 여행에 관한 이야기로 구성되어 있다. 여행기의 주인공 레뮤엘 걸리버는 1부에서 소인국 릴리퍼트(Lilliput), 2부에서 거인국 브롭딩나그(Brobdingnag), 3부에서 하늘의 성 라퓨타(Laputa)와 주변국가, 4부에서는 말의 나라 휘늠(Houyhnhnm)을 여행한다.

1부에서는 영국 정치인들의 행태를 소인국의 사건들에 비유해서 통렬히 풍자했다. 그리고 2부에서 거인들의 입을 빌려 유럽의 정책들이 얼마나 유치하고 어리석은지 질책한다. 많은 사람들이 보통 이 2부까지의 내용만 아동용 책에서 읽게 된다. 3부에서는 다양한 풍자대상들이 등장하고, 4부 말들의 나라에서는 이상향을 제시한다.

이중 3부의 내용에서 스위프트는 라퓨타 이야기로 왕립협회로 대표되던 과학자 집단을 통렬히 풍자했다. 3부에서 걸리버는 하늘을 떠다니는

**『걸리버 여행기』**

성 라퓨타에 끌어올려진 뒤 그곳의 지배자들과 만난다. 라퓨타의 지배자들은 계획자들이라고 불린다. 사실 수학자나 과학자에 해당하는 왕립협회 회원들을 풍자한 인물들이다. 그들이 하는 일은 오이에서 햇빛을 끌어내거나 하는 기이한 실험들이다. 그 묘사는 뉴턴의 프리즘 실험을 연상하게 한다. 라퓨타의 식사시간에 등장하는 음식물들은 모두 기하학적 형태다. "등변 삼각형 모양의 양고기가 나오고…하인들은 빵을 원뿔형이나 원통형, 혹은 평행사변형이나 다른 여러 가지 수학적 형태로 잘라냈다." 라퓨타는 뉴턴과 왕립학회에 대한 풍자였다. 나중에 아리스토텔레스의 유령이 등장하는데 수학 위주의 학문 풍토를 준엄하게 경고한다. "자연의 새로운 체계라는 것은 단지 새로운 유행에 불과하다… 수학적 원리로부터 새로운 체계를 증명한다고 주장하는 자들도 짧은 시간 동안만 번성할 것이다." 수학의 유행이 한때에 불과할 것이니 겸손하라는 조언이었다. 어찌되었건 스위프트가 비판한 이 수학의 유행은 사라지지 않았고 아직까지는 계속되고 있다.

청소년을 위한 과학혁명

## 맺음말

# 뉴턴역학의 승리와 한계로 본
# 과학혁명의 역할

핼리는 『프린키피아』의 출간을 적극적으로 도왔을 뿐만 아니라 뉴턴의 이론을 입증하기 위한 직접적 연구도 수행했다. 핼리는 혜성관측 기록을 엄밀하게 조사한 뒤 1682년의 혜성 경로가 1607년과 1531년에 나타난 혜성들의 경로와 유사하다고 보았다. 핼리는 만유인력 이론으로 계산해보면 이 세 혜성은 같은 혜성이고 다음에는 1758~1759년 사이에 다시 올 것이라고 예측했다. 그 혜성은 1759년에 정확히 다시 나타났다. 그래서 핼리혜성이라고 이름 지어졌다. 이후 1835년, 1910년, 1986년에 예측대로 돌아와 가장 유명한 혜성이 되었고 뉴턴 이론의 정확성을 보여주는 대표적 증거가 되었다. 핼리혜성은 2062년에 다시 나타날 것이다.

1781년 토성 바깥에서 천왕성이 발견되었다. 새로운 행성의 발견이라는 잠깐의 흥분이 지난 뒤 문제가 생겼다. 천왕성의 궤도가 뉴턴역학의 계산값과 달랐던 것이다. 하지만 과학자들은 뉴턴의 만유인력이 틀렸을 거라고 생각하지 않았다. 19세기 과학자들은 천왕성 바깥 궤도에 아직 알려지지 않은 행성이 있다고 봤다. 그 행성이 일정한 질량을 가지고 일정한 궤도를 돌고 있으면 그 미지의 행성의 영향에 의해 천왕성의 이상한 궤도는 뉴턴역학으로 충분히 설명될 것이었다. 1846년에 정확하게 예측된 위치에서 해왕성이 발견되었다. 해왕성은 존재와 질량과 궤도가 정확히 예측된 후 발견되었다. 과학자들은 전율을 느꼈다. 죽은 지 100년이 지난 뉴턴은 숨어 있던 행성까지 찾아내게 했다. 이렇게 뉴턴역학은 뉴턴 사후에도 여러 형태로 충격과 영감을 주며 과학의 위대함을 보여주었다.

**뉴턴과 아인슈타인**　역사상 가장 위대한 과학자로 평가되는 두 사람. 과학혁명은 인류에게 '과학하는 방법'을 알려주었다. 그리고 이후의 과학자들은 그 방법들을 사용해서 끊임없이 새로운 과학을 만들어가고 있다.

하지만 또 하나의 천문학상 난제가 나타났다. 이번에는 수성이 문제였다. 수성의 근일점, 즉 수성이 태양에 가장 가까이 가는 지점이 미묘하게 이동하고 있었던 것이다. 이 문제 역시 뉴턴역학의 계산과 틀렸다. 과학자들은 이미 해왕성 발견에서 성공한 적이 있는 방법을 다시 사용했다. 수성의 안쪽 궤도에 아직 발견되지 않은 작은 행성이 있고 이 행성의 질량과 궤도가 어느 정도라고 가정하면 수성이 근일점 이동 현상은 뉴턴역학으로 잘 설명되었다. 이 미지의 행성은 '볼칸'이라는 이름까지 붙여놓았다. 하지만 20세기가 될 때까지 행성 볼칸은 발견되지 않았다.

1905년 특수상대성이론을 만들어내며 또 하나의 기적의 해를 만들었던 아인슈타인은 1915년에 더 확장된 일반상대성이론을 만들었다. '만약 옳다면' 뉴턴의 이론을 대체할 수 있는 충격적 이론이었다. 하지만 너무나 혁신적 이론이라 과학자들 사이에서는 그 신빙성을 놓고 논쟁이 많이 일어났다. 아인슈타인은 수성 근일점 이동 문제에 자신의 이론을 대입해보았다. "나의 일반상대성이론으로 계산하면 가상의 행성 없이도 수성 근일점 이동 현상은 잘 설명된다. 만약 뉴턴이 틀리고 내가 옳다면 가상의 행성 볼칸 따위는 필요가 없다." 결국 볼칸은 발견되지 않았고 세계는 새로운 상대성이론을 받아들였다. 200년간 지속된 뉴턴역학의 시대가 사실상 끝난 것이다. 핼리혜성과 해왕성의 발견이 뉴턴역학의 승리였다면 수성 근일점 이동의 설명은 뉴턴역학의 한계였다. 하지만 이로 인해 과학혁명이 추구하던 가치가 사라지거나 뉴턴의 시대가 끝난 것은 아니었다. 아인슈타인이 행했던 방법론, 과학의 지향점들은 여전히 뉴턴이 제시했던 것들이다. 돌이켜볼 때 과학혁명이 우리에게 선물한 가장 중요한 유산은 지동설과 만유인력이라기보다는 바로 '과학하는 방법'이었다.

# 연표

| | |
|---|---|
| **기원전 4세기** | 아리스토텔레스의 천동설이 확립됨 |
| **기원 2세기** | 프톨레마이오스의 천동설 완성됨, 후일 『알마게스트』란 이름으로 이슬람 세계에 전해짐 |
| **1473** | 코페르니쿠스 출생 |
| **1543** | 코페르니쿠스 사망, 『천구의 회전에 대하여』 출간 |
| **1546** | 티코 브라헤 출생 |
| **1561** | 베이컨 출생 |
| **1564** | 갈릴레오 출생 |
| **1571** | 케플러 출생 |
| **1582-1597** | 티코, 벤 섬에서 15년간 16세기 최고의 정밀 천문 관측을 행함 |
| **1596** | 데카르트, 프랑스에서 출생 |
| **1600** | 티코와 케플러가 프라하에서 만남 |
| **1601** | 티코 사망 |
| **1609** | 케플러 『신 천문학』 출간, 이 책에서 케플러 제1, 2법칙 발표 |
| **1609-1611** | 갈릴레오의 달 표면, 목성 위성 발견, 금성 위상 변화, 태양흑점 등에 대한 망원경 관찰 |
| **1619** | 케플러 『우주의 조화』 출간, 이 책에서 케플러 제3법칙 발표 |
| **1626** | 베이컨 사망 |
| **1628** | 하비 『심장과 혈액의 운동에 관하여』 출간 |
| **1630** | 케플러 사망 |

| | |
|---|---|
| 1632 | 갈릴레오『두 가지 우주체계에 대한 대화』출간 |
| 1633 | 갈릴레오 재판 |
| 1642 | 갈릴레오 사망, 뉴턴 탄생 |
| 1650 | 데카르트, 스웨덴에서 사망 |
| 1660 | 영국 왕립협회 출범 |
| 1666 | 뉴턴의 기적의 해, 프랑스 왕립과학아카데미 출범 |
| 1687 | 뉴턴『프린키피아』출간 |
| 1704 | 뉴턴『광학』출간 |
| 1727 | 뉴턴 사망 |
| 1915 | 아인슈타인 일반상대성이론 발표, 상대성이론이 만유인력 체계를 대체함 |

청소년을 위한 과학혁명

# 참고도서

## 1. 국내서적

- 김성근, 교양으로 읽는 서양 과학사(안티쿠스, 2009).
- 김영식, 과학혁명(아르케, 2001).
- 남영, 태양을 멈춘 사람들(궁리, 2016).
- 조진호, 어메이징 그래비티(궁리, 2012).

## 2. 번역서적

- 데이바 소벨, 홍현숙 옮김, 갈릴레오의 딸(생각의나무, 2001).
- 데이바 소벨, 장석봉 옮김, 코페르니쿠스의 연구실(웅진지식하우스, 2012).
- 스티브 샤핀, 한영덕 옮김, 과학혁명(영림카디널, 2002).
- 장 피에르 모리, 갈릴레오(시공사, 1999).
- 장 피에르 모리, 뉴턴: 사과는 왜 땅으로 떨어지는가(시공사, 1996).
- 제임스 글릭, 김동광 옮김, 아이작 뉴턴(승산, 2008).
- 제임스 맥라클란, 이무현 옮김, 물리학의 탄생과 갈릴레오(바다출판사, 2002).
- 제임스 E. 맥클렐란 3세·해럴드 도런, 전대호 옮김, 과학과 기술로 본 세계사 강의 (모티브, 2006).
- 제임스 버크, 장석봉 옮김, 우주가 바뀌던 날 그들은 무엇을 했나(지호, 2000).
- 키티 퍼거슨, 이충 옮김, 티코와 케플러(오상, 2004).
- 피터 디어, 정원 옮김, 과학혁명(뿌리와이파리, 2011).

# 청소년을 위한 과학혁명

1판 1쇄 펴냄 2024년 4월 25일
1판 3쇄 펴냄 2025년 5월 26일

**지은이** 남 영

**편집** 김현숙 | **디자인** 이현정
**마케팅** 백국현(제작), 문윤기 | **관리** 오유나

**펴낸곳** 궁리출판 | **펴낸이** 이갑수

**등록** 1999년 3월 29일 제300-2004-162호
**주소** 10881 경기도 파주시 회동길 325-12
**전화** 031-955-9818 | **팩스** 031-955-9848
**홈페이지** www.kungree.com
**전자우편** kungree@kungree.com
**페이스북** /kungreepress | **트위터** @kungreepress
**인스타그램** /kungree_press

ISBN 978-89-5820-882-2    03400